극지과학자가 들려주는

아라온과 떠나는 북극 여행

그림으로 보는 극지과학 시리즈는 극지과학의 대중화를 위하여 극지연구소에서 기획하였습니다. 극지연구소Korea Polar Research Institute, KOPRI는 우리나라 유일의 극지 연구 전문기관으로, 극지의 기후와 해양, 지질 환경을 연구하고, 극지의 생태계와 생물자원을 조사하고 있습니다. 또한 남극의 '세종과학기지'와 '장보고과학기지', 북극의 '다산과학기지', 쇄빙연구선 '아라온'을 운영하고 있으며, 극지 관련 국제기구에서 우리나라를 대표하여 활동하고 있습니다.

일러두기

- ℃는 본문에서는 '섭씨 도' 혹은 '도'로 나타냈다. 이 책에서 화씨온도는 사용하지 않고 섭씨온도만 사용했다. 절대온도는 사용하지 않았다. 위도와 경도를 나타내거나, 각도를 나타내는 단위도 '도'를 사용했지만, 온도와 함께 나올 때는 온도를 나타내는 부분에 섭씨를 붙여 구분했다.
- 책과 잡지는《 》, 글은〈 〉로 구분했다.
- 인명과 지명은 외래어 표기법을 따랐다. 하지만 일반적으로 쓰이는 경우에는 원어 대신 많이 사용하는 언어로 표기했다.
- 용어의 외래어 표현은 찾아보기에서 확인할 수 있다.

그림으로 보는 극지과학 7

극지과학자가 들려주는

아라온과 떠나는 북극 여행

신동섭 지음

차례

출발을 알리는 힘찬 뱃고동 소리와 함께 아라온은 인천항으로부터 멀어지고 있다. 2010년 7월 1일에 첫 북극탐사를 시작한 지 벌써 7번째 북극탐사를 위함이다.

아라온ARAON호는 순수 국내기술로 건조된 대한민국 최초의 쇄빙연구선이다. 건조 시작부터 많은 사람의 관심을 받았다. 배가 얼음을 깬다고? 처음엔 평범한 철판에 불과했지만 서서히 그 모습을 드러내면서 언제 얼음 깨러 가느냐고 묻는 사람도 있었다. 마무리 단계 즈음에는 너무 많은 관심 때문인지 왠지 모르게 나도 걱정이 하나둘씩 쌓였다. 정말 얼음을 잘 깨고 추운 남극에서 모든 시설이 다 잘 동작할까?

2008년 1월 4일 부산의 한 조선소에서 아라온 건조를 알리는 착공식을 했다. 나는 착공식 전부터 아라온 건조단에 합류하여 아라온의 완성까지 건조감독을 했다. 건조 기간 내내 철판과 철판 사이를 다니면서 설계대로 잘 진행되고 있는지 매일같이 다니던 때가 생각난다. 사방이 철판에 쇳가루와 페인트가 날리는 곳이라 안전모와 안전화는 물론 마스크를 착용하고 다녀도 현장만 갔다 오면 땀 냄새에 쇳가루와 페인트 냄새가 섞여 특이한 냄새가 나곤 했다. 한번은 시작된 기침이 계속 떨어지지 않아 근처 병원을 간 적이 있었다. 병원에선 폐 사진을 찍어보더니 황당한 질문을 했다. "혹시 직업이 어떻게 되세요?" 한마디로 표현하기엔 알아듣지 못할 것 같아 현재 하는 일을 설명했더니, 더 황당한 답변이 돌아왔다. 현장을 나가지 마시고, 혹시라도 현장에 가게 되면 호흡기에 쇳가루와 페인트 등 유해물질이 몸속에 들어가지 않도록 최대한 조심하란다. 그럼 어떻게 일을 하란 말인가? 돌팔이 아냐? 요즘도 아라온이 상가dock에서 수리 중일 때 업무를 위해 조선소를 방문하면 그때가 생각나곤 한다. 지금 생각하면 한편의 추억이지만 당시엔 의사의 처방에 정말 당황했다. 그렇게 맺은 인연으로 지금도 아라온이 가는 곳마다 늘 함께하며 아라온의 연구장비를 총괄하고 있다.

아라온 이름은 국민공모를 통해 지어졌다. 바다를 뜻하는 우리 옛말인 '아라'와 전부 또는 모두를 나타내는 '온'을 붙여 만들어진 이름이다. 여기엔 대한민국 최초의 쇄빙연구선이 전 세계 모든 해

아라온 이름은 국민공모를 통해 지어졌다. 바다를 뜻하는 우리 옛말인 '아라'와 전부 또는 모두를 나타내는 '온'을 붙여 만들어진 이름이다. 여기엔 대한민국 최초의 쇄빙연구선이 전 세계 모든 해역을 누비라는 의미도 담겨 있다. 여기서 '온'은 영어의 'on'으로서도 해석되어 어떠한 상황의 바다에서도 늘 역동적으로 활약하는 쇄빙연구선에 대한 국민의 기대도 들어있다.

아라온 로고는 '극지의 빛'이라는 주제로, 아라온 영문표기(ARAON)의 알파벳 'O'를 빛으로 형상화한 것이다. 이는 극지연구의 희망과 역동성, 대한민국 극지과학의 밝은 미래를 담고자 한 것이다.

역을 누비라는 의미도 담겨 있다. 여기서 '온'은 영어의 'on'으로서도 해석되어 어떠한 상황의 바다에서도 늘 역동적으로 활약하는 쇄빙연구선에 대한 국민의 기대도 들어있다.

아라온 로고는 '극지의 빛'이라는 주제로, 아라온 영문표기 **ARAON**의 알파벳 'O'를 빛으로 형상화한 것이다. 이는 극지연구의 희망과 역동성, 대한민국 극지과학의 밝은 미래를 담고자 한 것이다.

2009년 11월 2일 조선소에서 완성된 아라온이 극지연구소로 인도되었다. 그로부터 약 한 달 반 뒤 12월 18일 처음으로 임무완수를 위해 인천항을 떠나 남극으로 쇄빙시험을 위해 떠났던 때가 생각난다. 가장 큰 관심사 중 하나가 우리가 만든 배가 남극에서 과연 얼음을 잘 깨고 운항할 수 있는지를 시험하는 것이었다. 이를 위해 연구소 관계자뿐 아니라 조선소 관계자, 우리나라의 주요 언론사 기자들도 아라온에 몸을 실었다. 쇄빙시험의 최적 장소를 찾아 대형 얼음 앞에서 대기하던 순간, 배에 탄 모든 사람은 종교와 관계없이 오로지 쇄빙성공을 위해 한마음으로 기도했을 것이다. 쇄빙이 성공한 순간 다들 어디에 있었는지 배 앞쪽과 옆쪽 등 곳곳에서 카메라 셔터 소리와 플래시가 쉴 새 없이 터졌다. 얼마나 많은 사람이 쇄빙 결과를 궁금해했는지를 보여주는 사건이었던 것 같다. '대한민국 최초 쇄빙연구선 아라온 쇄빙시험 성공'이라는 제목으로 모든 방송사의 머리기사로 나왔다. 아라온에는 위성인터넷 시스템이 설치되어 있어서 국내 포털사이트와 각종 신문의 머리기사를 장식했다는 것을 아라온에서도 실시간으로 확인할 수 있었다. 만약 얼음을 깨는 쇄빙시험에서 성공하지 못했다면 지금의 아라온은 존재하지 않았을 것이다.

건조감독을 했던 나로서는 지금까지 이렇게 남북극을 거침없이 연구항해를 하는 아라온이 무척이나 자랑스럽다. 건조 때 정말 여러 가지 힘들었던 일들이 많았지만 지금까지 아라온을 통한 연구성과로 다 상쇄가 되는 것 같다.

쇄빙시험을 위해 처음 남극에 갔을 때 얼음 속에 아라온 선수를 박고 대기하던 때가 있었다. 그동안 긴 항해로 쌓였던 긴장과 피로를 저마다 다양한 방법으로 풀고 있었다. 광활한 남극얼음을 구경하는 사람, 얼음 축구를 하는 사람, 곳곳에서 사진 촬영하는 사람 등 저마다 바쁘게 시간을 보내고 있었다. 그런데 어디선가 나타난 아델리펭귄* 한 마리가 고개를 갸우뚱하는 것처럼 서 있었다. 아마도 처음으로 인간을 본 것처럼…. 지금은 너무나 잘 알지만 당시엔

* 아델리펭귄(Adélie penguin)은 젠투펭귄속의 펭귄으로 남극대륙 연안 전체에 분포하는 대표적인 펭귄이다. 1840년 프랑스의 탐험가 쥘 뒤몽 뒤르빌이 발견해 자기 아내의 이름을 붙였다.

그림

누굴까?

이 펭귄이 아델리펭귄인지 몰랐다. 사람들도 너무 귀여운 펭귄 모습에 가까이 다가가서 쓰다듬어 주려 하니 갑자기 놀란 펭귄은 얼음위로 배를 깔고 미끄러지듯이 쏜살같이 도망을 갔다. 잠시나마 여러 사람을 기쁘게 한 펭귄이 고마웠다.

2007년부터 지금까지 아라온은 나에게 없어서는 안 될 동반자가 되었다. 지금은 연구항해 시 다양한 연구장비 운영과 유지보수에 책임을 지고 있다. 아라온의 위상이 높아짐에 따라 그만큼 운항일수가 늘어나 다음 남극연구는 거의 7개월에 이른다. 일반적으로 신규 건조된 선박은 평균수명이 25~30년 정도 된다고 한다. 매년 수많은 쇄빙과 늘어나는 운항일수는 아라온의 피로도를 높일 수 있다. 현재는 한 척뿐이라 남극과 북극의 모든 연구를 소화해야만 하는 것이 현실이라 안타깝지만 늘 만족할만한 성능을 보여주는 아라온에 감사의 말을 전하고 싶다. 북극 항해는 남극 항해 대비 상대적으로 짧은 편이다. 보통 북극 항해는 7월 중순 이후 인천을 출항하여 9월 말경에 다시 인천으로 복귀하는 일정으로 진행됐다. 북극 연구는 매년 비슷한 일정으로 45일 정도 진행된다.

유라시아대륙과 북아메리카대륙으로 둘러싸인 큰 바다가 바로 북극해다. 북극은 러시아, 핀란드, 스웨덴, 노르웨이, 덴마크, 아이슬란드, 캐나다, 미국의 8개국에 영유권이 있다. 현재 아라온을 통한 북극탐사는 러시아와 미국, 캐나다 영해를 지나는 베링 해, 척치 해, 보퍼트 해와 고위도 공해 상에서 주로 이루어진다.

북극해는 러시아, 핀란드, 스웨덴, 노르웨이, 덴마크, 아이슬란드, 캐나다, 미국으로 둘러싸여 있다. 북극은 북극해와 그 주변의 육지 일부라고 할 수 있다.

최근 몇 년동안 가장 빠르게 온도가 상승중인 곳이 북극이다. 이번 탐사는 북극연구를 통해 지구온난화 원인규명을 위한 연구를 진행하였다. 인천항을 출발한 아라온은 2주 동안 항해하여 항공기로 도착하는 연구원들을 만나기 위해 알래스카의 놈Nome에 도착한다. 북극탐사 기간에 다양한 연구가 이루어지기 때문에 인천부

알래스카, 놈(Nome)

알래스카 북서 해안에 위치한 도시로 툰드라, 야생 동식물, 골드러시 등 에스키모 문화를 볼 수 있는 곳이다. 또한 알래스카에서 매년 개최되는 아이디타로드Iditarod 트레일 개썰매경주의 결승점으로 유명한 도시이기도 하다. 미국 본토와 떨어져 있어 항공과 해상으로만 접근할 수 있어서 아라온 탑승을 위해서는 알래스카의 앵커리지에서 항공으로 이동해야 한다. 놈 시내 입구에 'Welcome to Nome'이라고 적힌, 커다란 금 골라내는 접시와 금 채굴자의 동상을 보면 여기가 과거 금광으로 유명했다는 것을 짐작할 수 있다. 인구 4천 명의 작은 도시라 숙소가 많지 않아 숙소 예약이 쉽지 않다.

놈과 같은 추운 지방에서 다니는 자동차를 보면 재미난 것을 발견할 수 있다. 대부분의 차량 앞부분에 전원 플러그가 나와 있는 것을 볼 수 있다. 추운 날씨로 자동차 배터리가 쉽게 방전되기 때문에 충전을 편하게 하려는 하나의 방법인 것이다.

아이디타로드 트레일 썰매경주 결승점(왼쪽), 놈 시내 입구 이정표(오른쪽)

놈 시내의 자동차

터 승선하는 연구원도 있고 알래스카 놈까지 비행기로 이동하여 아라온에 승선하는 연구원들도 있다.

인천항을 출발한 아라온은 우리나라 서해와 남해를 거쳐 일본을 지나 알래스카 놈까지 가는 경로로 이동한다. 아라온을 타고 이동하면 가는 도중에 날짜변경선을 지나기 때문에 시간이 거꾸로 가는 것을 체험할 수 있다. 하루 자고 나면 브리지에서 항해사가 방송을 한다. "오늘부로 몇 시간 전진 또는 후진하겠습니다." 이렇게 며칠 동안 시간이 바뀌는 과정을 겪고 나면 저 멀리 육지가 보이는데 바로 골드러시로 유명했던 놈에 도착하게 된다. 날씨가 좋지 않아 파도가 심하면 본격적인 북극 연구 시작 전에 멀미로 기력을 다 소모하는 경우도 있지만 남극의 중앙해령을 지날 때와 비교하면 고요한 편이라고 할 수 있다. 남극의 중앙해령을 지날 때는 바퀴 없는 의자에 몸무게 100kg의 거구가 앉아도 높은 파도에 의해 좌우로 왔다 갔다 한다.

항공편으로 이동하는 경우엔 배로 이동하는 것보다는 빠르지만 직항노선이 없어 2박 3일, 노선에 따라 3박 4일에 걸쳐 이동하게 된다. 예전엔 한국에서 앵커리지까지 직항이 있었다는데 지금은 없다. 앵커리지 국제공항에서 놈까지 비행기를 기다리기 위해 공항에 대기할 때 우리나라 대표 항공사의 비행기가 보이기에 새로

운항을 시작하는지 착각한 적이 있다. 자세히 보니 모두 뒤에 cargo라고 적혀 있었다. 여객기가 아니라 화물기였다. 처음엔 앵커리지까지 바로 가는 방법이 없다 보니 다양한 경로로 놈까지 갔었다. 여러 해 경험을 하면서 주로 이용하는 항로가 두 가지로 압축되어 인천→시애틀→앵커리지→놈 노선과 인천→하와이→앵커리지-〉놈 노선 중 하나로 주로 이동한다.

최근 들어 기후 관련 가장 큰 이슈가 '지구온난화'다. 워낙 많은 미디어와 인터넷을 통해 회자되고 있어 누구나 한두 번 이상 들어봤을 단어다. 여름은 점점 더 더워지고, 겨울은 더 추워지고 지구촌 곳곳에서 들려오는 홍수와 태풍, 허리케인 등 이상기후 현상은 점점 더 심해지고 있다. 지구 온도가 1도만 상승해도 남극, 북극의 얼음이 녹아 해수면이 높아지고 이에 따라 어떤 나라나 섬은 물에 잠길 수 있다고 한다.

투발루의 에넬레 소포앙아 총리가 기후변화와 해수면 상승에 관한 의견을 나누기 위해 연구소를 방문한 적이 있다. 투발루는 남태평양 복판에 있는 9개의 산호섬으로 이루어진 아름다운 섬나라로 평균 해발고도가 3미터밖에 되지 않는다. 총리는 한국과학자들을 상대로 기후변화에 대한 의견을 교환하고 투발루의 현재 상황을 알렸다. 투발루는 이미 2001년에 국토 포기선언을 한 상태다. 지구

온난화 앞에 속수무책으로 당하고 있는 나라, 지구온난화로 인한 해수면 상승으로 정말 투발루라는 지명이 지구상에서 사라질지도 모른다. 우리나라도 예외는 아니다. 지구의 온도를 일정하게 유지해주는 역할을 북극의 얼음이 녹으면서 하지 못하다 보니 이상 기후현상들이 발생하고 있다. 여름에는 폭염으로 잠 못 드는 여름밤이 지속되고, 점점 더 추워지는 한파와 폭설은 지구온난화가 남의 일이 아님을 피부로 느낄 수 있다.

한편으로 줄어드는 북극 얼음이 새로운 가능성을 보여주는 면도 있다. 북극해 주변은 자원의 보고로 알려져 있다. 예전엔 얼음으로 뒤덮여 있어 개발이 힘들었다. 전 세계 25퍼센트 정도의 석유와 가스가 북극해 주변에 매장되어 있다니 관련 나라와 업계엔 희소식이 아닐 수 없다. 노르웨이 탐험가인 아문센이 1905년 이외아호와 함께 유럽에서 출발하여 북극해를 지나 태평양과 아시아에 이르는 북서항로를 처음 횡단하는데 2년 이상이 걸렸다고 한다. 지금은 줄어드는 북극 얼음으로 새로운 북극항로가 열리면서 이동거리가 단축되어 물류비용을 절감할 새로운 기회도 생기고 있다.

2016년 11월에 한편의 특별한 다큐멘터리영화가 상영된 적이 있었다. 여기엔 우리에게 잘 알려진 레오나르도 디캐프리오를 비롯하여 반기문 전 UN사무총장, 프란치스코 교황, 일론 머스크 테슬라 최고경영자 그리고 오바마 전 대통령까지 많은 유명 인사들이 출연했다. 〈홍수가 나기 전에*Before the flood*〉란 제목의 이 영화는 지구온난화로부터 지구를 보호해야 한다는 강력한 메시지를 전달하고 있다.

"우주의 광활함을 떠올린다면, 지구라는 이 행성은 단지 작은 조각배일 뿐입니다. 만약 이 보트가 가라앉는다면, 우리 모두 배와 함께 가라앉을 겁니다."

이제 지구온난화는 그냥 상식으로나 듣던 단순한 용어에 불과한 것이 아니라 점점 우리의 현실 속으로 깊숙이 침투하고 있다.

지금까지 아라온 관련 일을 하면서 주변의 많은 사람으로부터 남극, 북극에선 어떻게 얼음을 깨고 가는지, 지구온난화 연구를 위해 어떤 연구장비를 이용하는지 많은 질문을 받곤 했다. 이를 위해 쇄빙연구선에 대한 소개를 시작으로 아라온의 특징과 각종 연구실 소개, 긴 항해 동안의 선내 생활을 먼저 다룰 것이다. 이어서 북극해 탐사를 수행하면서 어떤 연구가 이루어졌는지 그리고 그때 사용된 연구장비를 소개할 것이다. 마지막으로는 지구온난화로 인한 북극의 변화를 다룰 것이다.

이 책이 아라온에 대한 궁금증과 어떤 연구장비로 어떤 연구를 하는지에 대해 조금이나마 그 해답이 되었으면 하는 바람으로 이제 아라온과 함께 북극 여행을 떠나볼까 한다.

ARAON
아라온

바다 위 연구소

아라온에는 '떠다니는 대형 연구소'란 별명이 붙어 있다. 배에 10개가 넘는 연구실이 있기 때문이다. 극지환경의 변화, 기능, 구조변화에 대한 모니터링은 물론, 대기환경과 오존층 조사, 고해양과 고기후 분석, 해양생물자원의 발굴과 개발, 지질환경과 자원 특성 조사 등 다양한 분야의 최첨단 연구가 가능하다.

쇄빙선은 배 앞쪽이 일반 배처럼 둥글지 않고 얼음에 올라타기 쉽게 사선 모양을 하고 있다. 또한 얼음에 부딪혔을 때 견뎌야 해서 일반 배보다 두꺼운 4cm의 강판을 사용한다.

1 쇄빙연구선이란?

연구선이란 용어 자체가 일반인에겐 낯설게 들릴 수 있다. 대부분의 사람이 배라고 하면 컨테이너나 자동차를 실어 나르는 운반선, 고기를 잡는 어선, 사람들을 실어 나르는 여객선을 떠올린다. 연구선은 말 그대로 바다 위에서 연구를 하는 배를 말한다.

지금 이 시각에도 전 세계 바다에는 다양한 목적의 배들이 다니고 있다. 그중에는 해양연구를 하는 연구선도 많이 있다. 연구선 중에도 쇄빙연구선은 말 그대로 부술 쇄碎, 얼음 빙氷, 얼음을 깰 수 있는 능력을 가진 연구선이란 의미다. 영어로는 'icebreaker'다. 느낌이 바로 오지 않는가?

얼어붙은 바다를 항해하려면 얼음을 깨는 쇄빙 능력은 필수다. 남극과 북극과 같은 결빙 해역에서 얼음을 깨고 항해할 수 있기에 남극 바다와 북극 바다 연구도 가능한 것이다. 쇄빙연구선은 연구 외에도 때에 따라 다른 배를 끌기도 하고 얼음에 갇힌 선박을 구조

남극의 산타

아라온호는 지금까지 운항하면서 두 번에 걸쳐 위험에 처한 선박을 구조했다. 정해진 일정을 과감히 포기하고 오로지 선박구조를 위해 최선을 다한 것이다.

2011년 12월에 32명이 타고 있던 러시아 어선 '스파르타호'를 구조했다. 조난신호를 받고 뱃머리를 돌려 구조현장에 달려갔다. 남극 로스 해에서 얼음에 부딪혀 좌초된 상태였으며 날씨가 좋지 않아 헬기 접근이 어렵고 주변 선박들은 쇄빙선이 아니어서 접근할 수가 없었다. 현장에 도착한 아라온은 얼음과의 충돌로 파손된 부위를 용접하여 무사히 항해할 수 있도록 도왔다. 아라온이 '스파르타호'를 사고현장에서 만난 날이 성탄절이라 그런지 이때부터 아라온은 '남극의 산타'라는 또 하나의 멋진 이름을 얻게 되었다.

2015년 12월에는 남극해에 좌초했던 우리나라 원양어선 '썬스타호'를 구조했다. 썬스타호는 남극해에서 이빨고기(메로)를 잡는 600톤급의 작은 원양어선으로 총 39명이 승선하고 있었다. 칠레에서 남극해로 운항하다 남극해상에서 유빙에 갇혀 선체가 기울어진 채 좌초한 상태였다. 조난신호를 받고 원래 일정을 변경하여 썬스타호 구조를 위해 방향을 돌려 빠르고 안전하게 구조를 마쳤다.

그림 1-1

아라온이 러시아 어선 스파르타호를 구조하고 있다

그림 1-2

아라온이 한국 어선 썬스타호를 구조하고 있다.

하기도 한다. 실제로 아라온은 남극 얼음에 갇힌 선박을 구조한 경험이 여러 번 있다.

미국과 러시아를 비롯한 많은 선진국은 이미 여러 척의 쇄빙연구선을 보유하고 있다. 나라별 대표적 쇄빙연구선만 열거해도 미국은 '너대니얼 파머Nathaniel B.Palmer', 러시아는 '아카데미크 표도로프Akademik Fyodorov', 독일은 '폴라스턴PolarStern', 영국은 '제임스 클라크 로스James Clark Ross', 스웨덴은 '오덴Oden', 일본은 '시라세Shirase' 등 많은 나라가 쇄빙연구선을 보유하고 있다. 우리나라는 2010년 아라온 출항 전까지는 극지연구를 위해 다른 나라의 쇄빙연구선을 빌려 연구를 해야 했다. 아라온 건조 전에는 남극에 기지를 보유한 국가 중 폴란드와 대한민국만 쇄빙연구선이 없었다.

지금까지 아라온의 활약으로 대한민국 극지연구 위상은 예전과 비교하면 상당히 높아졌다. 과거 아라온이 없을 때 다른 나라 연구선을 임차하여 연구하던 시절과는 상황이 완전히 다르다. 자체 연구계획에 따라 다양한 북극연구를 할 수 있는 것뿐만 아니라 수많은 선진국 과학자들로부터 공동연구 요청이 줄을 잇고 있다. 지금은 아라온을 통한 연구를 수행하는데 한 척으로는 남극과 북극을 다 소화할 수 없는 상황에 이르렀다. 북극의 얼음이 녹으면서 북극 신항로가 열림에 따라 우리나라에서는 두 번째 쇄빙연구선을 기획

하고 있다.

아라온의 제원

• 길이: 111미터 폭: 19미터 무게: 7,487톤

• 속도: 12노트(경제항해속력), 16노트(최대항해속력)

• 승선 인원: 총 85명(승무원 25명, 연구원 60명)

• 최대운항거리: 20,000마일(3만7040킬로미터)

• 70일 무보급 항해

• 쇄빙 능력: 1미터 두께의 다년빙을 시속 3노트 속력으로 연속쇄빙

쇄빙연구선은 얼음을 깨며 전진하기 때문에 일반선박과는 다른 모습을 하고 있다. 많은 일반선박은 전구 모양의 구상선수bulbous bow 형태를 하고 있다. 이는 배가 파도를 생성시킴으로써 받는 저항을 감소하기 위한 디자인이다. 이런 이유로 선박 대부분은 구상선수 모양을 선호한다. 연료절감과 속도는 중요한 부분이기 때문이다. 그러나 쇄빙선은 파도에 의한 저항감소보다 얼음을 깰 수 있어야 하므로 얼음에 올라타기 쉬운 모양을 하고 있다. 일단 얼음에 부딪혔을 때 문제가 없어야 하기에 일반 선박보다 두꺼운 4센티미터 두께의 강판을 사

쇄빙선은 배 앞쪽이 일반 배처럼 둥글지 않고 얼음에 올라타기 쉽게 사선 모양을 하고 있다. 또한 얼음에 부딪혔을 때 견뎌야 해서 일반 배보다 두꺼운 4cm 두께의 강판을 사용한다.

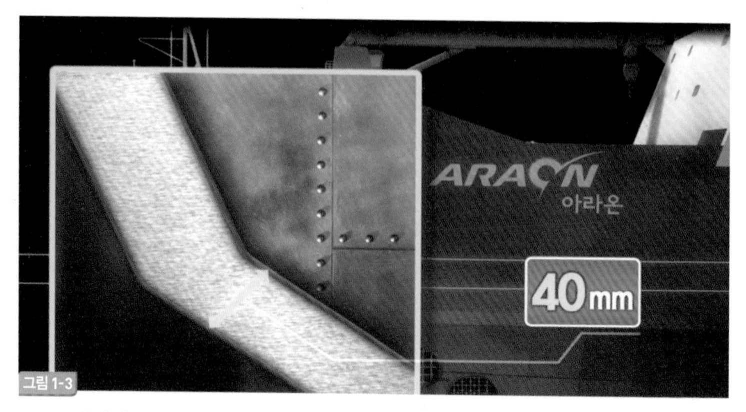

4cm 두께의 고강도 철판

용하고 있다. 상상이 될지 모르겠지만, 조선소에서 4센티미터 두께의 강판을 만만하게 봤다가 용접이 쉽지 않아 많은 특수용접사가 용접을 포기했다고 한다. 당시에는 이렇게 두꺼운 철판을 용접해 본 적이 없었으니 당연한 결과였을 수도 있다.

많은 사람이 가장 궁금해하는 첫 번째가 바로 어떻게 얼음을 깨는지 일 것이다.

얼음을 깨는 원리는 의외로 단순하다. 아라온 선미 아래쪽 두 대의 대형 추진기가 있으며 추진력으로 얼음 위에 올라타서 눌러서 깨는 원리다. 선수 아래에 대형 아이스나이프가 달려있다. 뾰족한

쇄빙선은 사선 모양의 뱃머리로 얼음 위로 올라타 눌러 얼음을 깨고 나간다. 쇄빙선 아래에는 강철로 만든 대형 아이스나이프가 있어 대형얼음도 쉽게 깰수 있다.

그림 1-4

일반선박과 쇄빙선의 선수 모양

칼을 생각할 수 있는데 대형얼음을 눌러 깰 수 있게 강철로 칼 모양으로 만들어서 그렇게 부른다. 아이스나이프는 얼음을 자르면서 앞으로 나갈 수 있도록 하며 빙판 위로 완전히 올라타는 것을 방지하는 역할도 한다.

'쇄빙선이니 엄청 두꺼운 얼음도 다 깰 수 있어야 하는 것 아냐?'라고 물을 수 있다. 물론 두께 1센티미터 정도의 수년간 단단하게 다져진 다년빙 정도는 문제없이 깰 수 있다. 특별한 경우 좀 더 두꺼운 얼음도 쇄빙하지만 너무 두꺼운 얼음은 안전을 위해 우회하여 운항한다.

실제로 남극이나 북극의 유빙이나 해빙 해역에서 아라온이 힘차게 쇄빙을 할 때 잠을 설치는 사람이 있다. 얼음 깨는 소리와 깨진

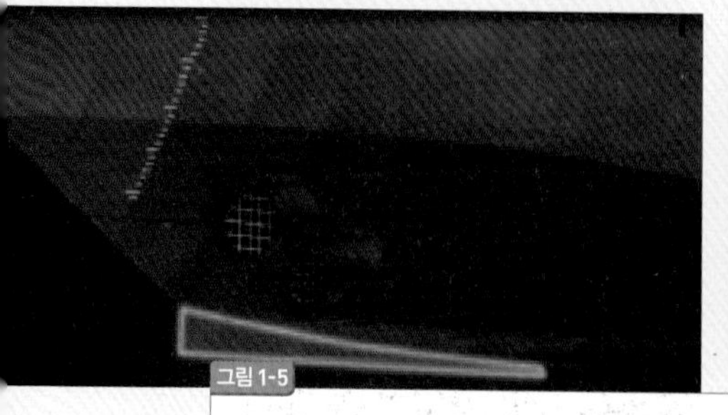

그림 1-5

아이스나이프와 선미 대형 추진기

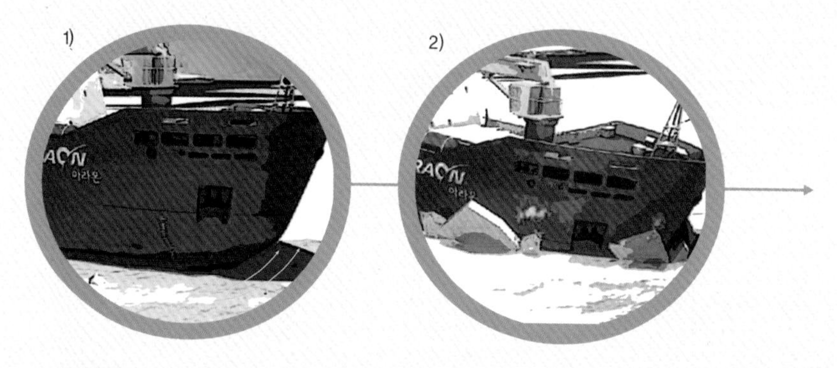

그림 1-6

쇄빙 원리. 1)뱃머리를 들어 올려 얼음을 눌러 깨뜨린다. 2)프로펠러를 이용해 얼음 파편을 좌우로 밀어내며 전진한다.

얼음이 배 옆을 타고 지나갈 때 소리는 천둥을 동반한 비가 엄청 오는 날 달리는 차 안에서 들리는 소리와 비슷하다고 할까? 배 앞쪽 침실을 사용하는 연구원의 경우에는 쇄빙 소리가 더 커 잠을 설친다고도 한다. 그러다 해빙캠프를 위해 목적지에 도착하면 누군가 얼음 속에 모형배를 올려놓은 것처럼 아무 소리도 들리지 않는다.

2 떠다니는 10층 빌딩

아라온호가 인천에 정박해 있을 때 모습을 보면 10층 정도의 높이로 보이진 않는다. 4개 층은 물아래에 숨어있어 보이질 않기 때문에 그리 높아 보이진 않는다. 하지만 아라온이 점검을 위해 물 밖으로 나오게 되면(상가*) 그 높이에 많은 사람이 놀라곤 한다.

아라온의 총 높이는 건물 10층에 해당하는 약 35미터다. 바다에 있을 때는 그중 4개 층이 잠겨 있다.

아라온호 높이는 기상 센서가 설치된 높이까지 감안하면 대략 35미터 정도 된다. 예전 아라온 건조 시 배가 잘 만들어지고 있는지 감독하기 위해 매일 10층 높이를 바닥부터 꼭대기까지 왔다 갔

* 바다나 강에 접한 육지에 거대한 상자 모양의 구덩이를 파고 벽과 바닥을 콘크리트로 단단하게 축조한 곳이다. 이곳에 배가 들어온 다음 물을 빼내고 선박을 수리한다.

그림 1-7

아라온 상가 모습

다 하면 하루가 다 가는 경우도 있었다.

아라온에는 일반 배에서는 볼 수 없는 다양한 기능이 숨어있다. 먼저 얼음을 깨는 기능은 기본이고 횡동요감쇠장치anti-rolling system**, 선수의 바우 스러스터bow thruster와 선미의 360도 회전 가

** 선박의 좌우 흔들림을 줄여주는 장치로 주로 물탱크를 이용한 방식이 많이 사용된다.

능한 대형 추진기 덕택에 얼음으로부터 탈출이 가능하다. 바다 위 파도에 밀려가지 않고 항상 같은 위치에 배가 위치할 수 있는 자동 위치제어시스템, 얼음을 감지하는 아이스 레이더, 곳곳에 설치된 히팅 장치 등은 일반선박에서는 구경하기 힘든 기능들이다.

선저에 설치된 장비 중 배 바닥 아래로 센서를 내려 관측하는 음향장비들은 모두 게이트밸브가 추가로 장착되어있다. 장비를 사용하지 않을 때 얼음으로부터 장비를 보호하기 위해 센서 출입구를 막아주는 일종의 대형 보호덮개 같은 것이다. 극지방을 다니는 쇄빙연구선이 아니면 볼 수 없는 것 중 하나다.

지금은 특별한 것이 아니지만 아라온호 남극 첫 출항에 앞서 동해 앞바다에서 시험 운항 시 선미 추진기와 선수 스러스터를 이용하여 제자리에서 360도 회전 테스트를 했을 때 승선했던 많은 사람이 놀라던 모습이 생각난다. 당시에는 아라온이 아닌 다른 어떤 선박에서도 느껴볼 수 없는 장면이기 때문이지 않았을까?

아라온의 옆모습을 보면 쇄빙을 위한 선수 모양뿐 아니라 배 뒷부분이 다른 선박과 좀 다른 것을 볼 수 있다. 배 앞쪽보다 뒤쪽이 상대적으로 매우 낮게 설계되어 있다. 이는 배

아라온은 앞쪽보다 뒤쪽이 매우 낮다. 배 뒤쪽에서 연구장비를 바닷속으로 내리고 올리는 작업을 해야 하기 때문이다. 선미 후갑판이 높으면 장비를 운용 시에 선체에 부딪치거나 다른 위험요소가 있을 수 있기 때문이다.

자동위치제어시스템(Dynamic Positioning System)

자동위치제어시스템은 선박의 앞뒤에 위치한 여러 개의 스러스터thruster를 컴퓨터로 제어하여 자동으로 배의 위치를 유지해주는 역할을 하며, 약어로 DP시스템이라고 불린다. 제자리를 유지하기 위해 배의 자세값인 모션 정보와 풍향풍속 정보, 자이로컴퍼스를 통한 배의 방향 정보, GPS를 통한 배의 위치정보 등이 중앙제어컴퓨터로 연동되어야 한다. 아라온에는 GPS시스템과 모션센서를 비롯하여 선저의 HPRHydraulic Positioning Reference, 선수와 선미에 총 4개의 스러스트가 설치되어 있다. GPS와 해저면에 설치한 응답장치Transponder, 선저에 장착된 송수신장치HPR를 통해 배의 위치를 정확하게 측정한다. 선수의 스러스터는 좌우로 움직이게 하고 선미의 스러스터는 360도 회전하며 위치이동을 할 수 있기 때문에 컴퓨터제어에 의해 4개의 스러스터가 자동으로 움직여 측정한 위치에 항상 머물 수 있게 된다.

그림 1-8

자동위치제어시스템. 기본 힘과 자세정보

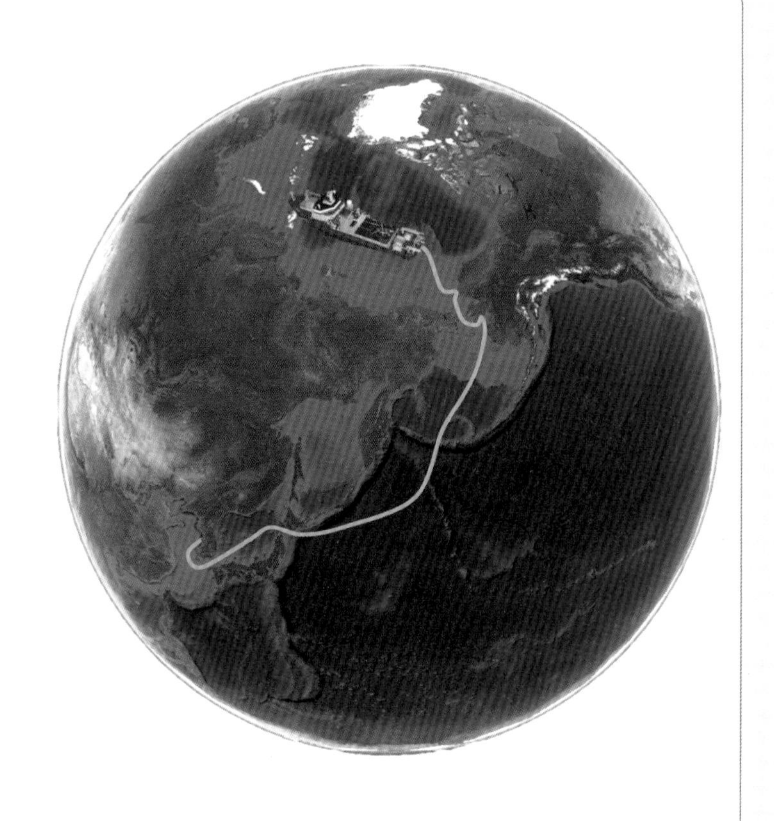

아라온의 북극 항해 경로

뒤쪽으로 다양한 연구장비를 바닷속으로 내리고 올리고 해야 하기 때문이다. 특히 날씨가 좋지 않은 경우 해수면으로부터 선미 후갑판이 너무 높으면 장비가 선체에 부딪히거나 다른 위험요소들이 많이 있다. 따라서 대부분의 연구선은 선미가 선수보다 상대적으로 해수면과 최대한 가깝게 설계되어 있다.

3 아라온 연구실

아라온은 '떠다니는 대형 연구소'란 별명을 가지고 있다. 10개가 넘는 연구실을 갖추고 있기 때문이다. 극지 환경변화 기능 및 구조변화 모니터링, 대기환경 및 오존층 연구, 고古해양 및 고古기후 연구, 해양생물자원 개발연구, 지질환경 및 자원특성 연구 등 다양한 분야의 연구가 가능하다. 연구실 대부분은 아래부터 4번째 층에 해당하는 주갑판main deck에 있다. 대부분의 연구가 실제로 바다에 연구장비를 내려서 관측하는 경우가 많아 선미 갑판이 위치한 층에 연구실 대부분을 배치하였다.

대부분의 아라온 연구실은 아래부터 4번째 층에 있다. 물을 직접 사용하지 않는 건식과 물을 사용하는 습식의 10여개 연구실이 있다.

연구실은 물을 직접 사용하지 않는 건식연구구역과 물을 사용하는 습식연구구역으로 구분되어있다.

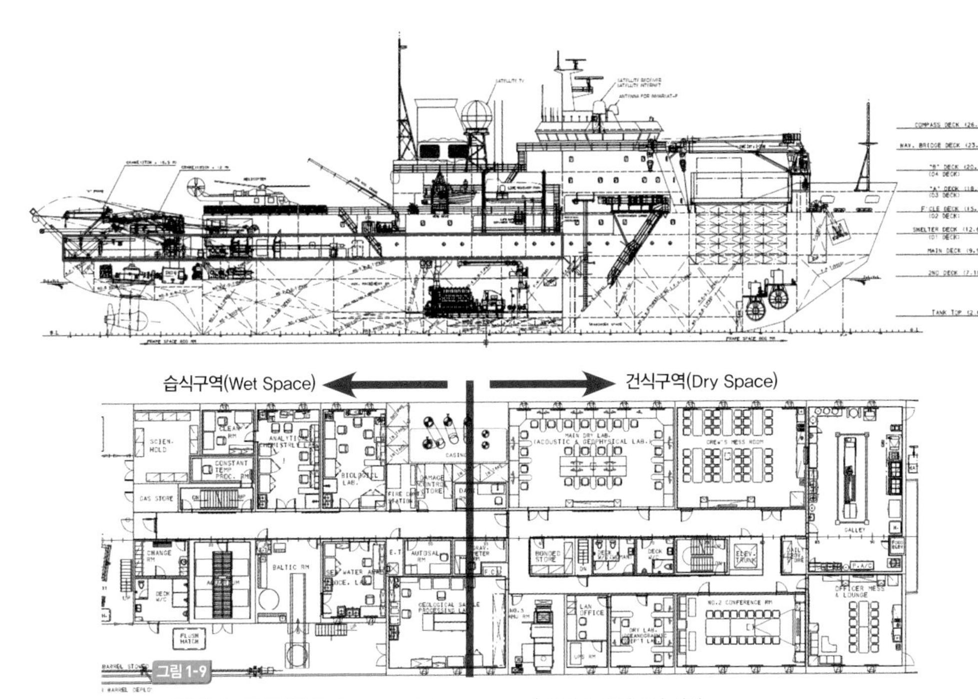

그림 1-9

아라온의 일반배치도(GA, General Arrangement)에 표시된 연구실 위치

그림 1-10

건식연구실

그림 1-11

습식연구실

건식구역에서는 음파acoustic wave를 사용하여 바닷속과 해저면, 해저면 아래를 관측한다. 다중빔음향측심기와 다중채널탄성파시스템을 비롯한 많은 고가장비가 이곳에서 운용된다. 건식구역엔 주건식연구실과 건식연구실, 중력계실로 나뉜다.

습식구역은 해수를 채수하여 연구하는 곳이다. 이중 대표적인 연구실은 해저퇴적층 분석을 통해 고기후를 연구하는 고기후연구실, 해수를 분석하는 해수분석실과 해양화학실험실, 북극과 남극 바다에 사는 생물을 연구하는 해양생물실험실이 있다. 고기후연구실에서는 뒤에 나올 롱코어시스템으로 취득한 코어샘플을 연구 분석하는 곳이다. 습식구역은 해수를 사용하는 곳이라 바닥이 타일 재질로 되어있어 언제든지 물청소가 가능하다. 또한 실험실 가구들은 해수에 강한 스테인리스 스틸이나 PVC와 같은 재질로 구성되어있다. 이곳은 실제 해수를 채수하여 연구하는 곳이라 해수분석기를 비롯하여 수많은 해수 분석장비가 설치되어 있다.

여러 연구실에는 수많은 연구장비들이 설치되어있다. 몇천만 원부터 수십억 원에 이르는 다양한 고가 연구장비들은 항상 최상의 성능을 유지할 수 있도록 관리되어야 한다. 고가의 장비가 제대로 사용되지 못하게 되면 큰 손실이 아닐 수 없다. 관리가 잘 되어도 드물게 연구 중에 정전blackout이 발생하면 장비들이 비정상 종료되는 경우가 있다. 실제로 이런 경우가 몇 번 있긴 했다. 예고되지 않은 정전은 데이터획득을 못 할 뿐만 아니라 치명적인 손상으로 장비가 고장이 날 수도 있다. 예비부품으로 교체할 수 있는 경우면 그나마 다행이지만 선저 센서와 같이 교체가 불가능한 부분에 문제가 생긴다면 정말 큰일이 아닐 수 없다. 다행스럽게도 아라온에는 대형 UPSUninterruptible Power System가 있어 정전 시에도 일정 시간 동안 모든 연구장비에 전기를 공급할 수 있게 되어있다. 물론 UPS 배터리에 저장된 전기가 다 소모되기 전에 전기가 복구되어야 하는 조건이다.

4 극지에서 통신

아라온은 남극과 북극을 연구하는 쇄빙연구선이라 주로 연구하는 지역이 극지방이다. 바다 위를 항해하는 선박들은 육상처럼 통신사업자가 서비스하는 고속인터넷을 이용할 수 없어서 정지위성* 을 통한 위성통신을 사용한다. 정지위성은 적도 상공 3만5800킬로미터 위에 떠 있는 3개의 위성으로 전 세계를 커버하지만 지구가 구형이라 지구의 양쪽 끝에 위치한 극지 북위 70도 이상, 남위 70도 이상의 지역엔 위성신호가 도달하기 힘들다. 위성을 통한 통신은 통신 속도도 아주 느리지만 요금도 많이 비싸서 대부분의 선박에서는 비상시나 메일 송수신 정도만 이용한다. 위성통신으로 스트리밍으로 영화를 본다거나 하는 것은 상상할 수가 없다.

아라온은 정지위성을 이용해 통신을 하지만, 북위 70도와 남위 70도 이상에서는 위성신호가 잘 전달되지 않는다.

지구 위에는 육안으로 쉽게 관찰하기는 힘들지만 수많은 목적의 위성들이 떠 있다. 지구 주변 환경관측과 각종 우주과학 실험을 수행하는 과학위성, 군사 목적으로 사용되고 있는 군사위성, 특수파장대의 빛으로 지구표면, 대기, 사진촬영 등의 영상정보를 해석 처리하는 원격탐사위성, 지상 통신국으로부터 송신하는 신호를 수신 증폭 후 상대 지구국에 재송신하는 우주 전파중계소 역할을 하는

* 적도상공에 떠있는 위성으로 3개 이상의 위성만 있으면 남극과 북극을 제외한 전 지구가 위성서비스 범위에 들어온다. 공전주기가 지구의 자전주기와 같아서 지표면에서 볼 때 항상 같은 곳에 정지해 있는 것처럼 보인다.

통신위성, 지구의 기상관측만을 주목적으로 설계된 기상위성 등 목적에 따라 다양하게 분류된다.

아라온에서 인터넷이나 이메일 교환 등 통신을 위해서 사용되는 것은 통신위성으로 INTELSATInternational Telecommunication Satellite Consortium과 INMARSATInternational Marine Satellite Organization에서 운영하는 위성통신시스템을 사용하고 있다.

아라온호 건조 후 쇄빙시험 시 첫 쇄빙성공을 가장 먼저 전하기 위해 승선하고 있던 언론사 간에 실랑이가 벌어졌었다. 위성인터넷은 속도가 빠르지 않기 때문에 보도영상의 해상도를 줄여도 한 번에 여러 언론사가 동시에 전송하는 것은 불가능했다. 중앙회선 외에 나머지는 모두 임시로 다운시켜 전송을 해야 했다. 초고속인터넷이 가능한 환경에 익숙한 사람들에게는 쉽게 접할 수 없는 상황이다. 아무튼 위성인터넷 덕분에 실시간으로 한국에서도 쇄빙성공뉴스를 볼 수 있었던 것은 과학기술 덕택이 아닌가 생각해본다.

아라온호는 북위 남위 70도 이상 지역을 다니기 때문에 보다 작은 위성신호도 잡을 수 있도록 선박 위성인터넷시스템을 설계하였다. Inmarsat과 Intelsat 시스템이 배 위쪽에 설치가 되어있다. 위성으로부터 신호를 잘 받기 위해서는 주변의 장애물이 없어야 하기 때문에 가능한 높은 곳에 설치하는 것이 좋다. 육상용과는 달리 해

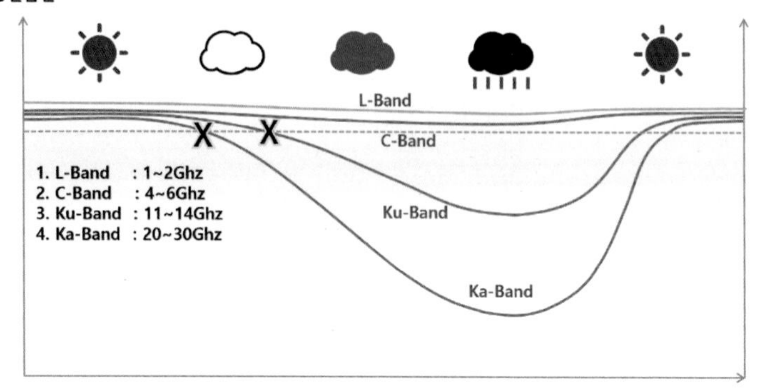

그림 1-12

주파수 밴드별 신호감쇄 그래프

상용은 배가 이동하면서 안테나가 자동으로 가장 신호가 센 방향으로 신호를 추적하기 때문에 위성신호 범위 내에서는 배가 어디로 이동하더라도 끊김 없이 인터넷을 사용할 수 있게 해준다.

위성인터넷용으로 사용되는 주파수는 다음과 같이 보통 4가지를 사용한다. 위성신호는 주파수가 높을수록 신호감쇄가 크고, 신호 도달거리의 제곱에 반비례하여 감쇄하는 특성이 있다. 주파수가 높을수록 기상환경(구름/비/눈/안개)에 의한 위성신호의 감쇠는 크지만 안테나 크기는 줄일 수 있다. 아라온과 같이 극지방을 다니는 경우 높은 위도까지 인터넷이 되는 것이 중요하기 때문에 낮은

그림 1-13
아라온의 위성인터넷 안테나(왼쪽:Intelsat System, 오른쪽:Inmarsat System)

주파수대역을 사용하는 것이 유리하다.

아라온 Intelsat 시스템은 C 밴드를 사용하고 Inmarsat 시스템은 L 밴드를 사용한다. 극지방을 다니는 아라온의 경우 극지방으로 가면 갈수록 위성인터넷 신호가 거의 도달하지 않기 때문에 위성안테나 중 가장 큰 크기의 위성안테나가 설치되어 있다. 이는 위성인터넷으로 사용되는 낮은 주파수대역으로 주파수가 낮을수록 안테나가 커지는 단점이 있으나, 기상의 영향을 가장 덜 받기 때문이다.

평소 가정집이나 아파트 베란다에 설치된 접시 모양의 위성 TV 안테나를 본 적이 있을 것이다. 이것도 위성방송을 집에서 보기 위해 설치하게 된다. 아라온에 설치된 위성안테나는 둥근 돔dome 타입이다. 돔 내부를 보면 크기가 큰 접시안테나가 설치되어 있고 배가 이동함에 따라 가장 강한 신호를 잡기 위해 안테나가 계속 움직이게 된다. 자동으로 신호를 잡을 수 있는 타입이라 날씨가 좋거나 특정 지역의 경우 75도까지 위성신호를 잡을 수 있는 경우도 있다. 위성통신이란 문명의 혜택으로 남극과 북극의 어디 정도까지는 가족과 문자메시지나 간단한 채팅, 메일 정도는 주고받을 수 있다.

집에 비유하면 옥상과 같은 아라온호의 컴퍼스 갑판compass deck과 그 위의 레이더 마스트radar mast에는 위성인터넷뿐만 아니라 각종 통신장비와 기상관측장비 등 수많은 장비가 설치되어 있다. 이 모든 장비가 최상의 데이터를 얻기 위해서는 주변에 장애물이 없어야 한다. 이상적이라면 모든 장비가 가장 높은 곳에 설치가 되어야 하나 현실적으론 불가능한 상황이다. 한정된 공간에 이 많은 장비를 어떻게 배치해야 할지는 항상 풀리지 않는 문제 중 하나다. 위성인터넷 사용을 위해 위성안테나를 간섭이 없는 제일 높은 곳에 설치할 수가 없어서 남극과 북극 운항 시 배의 방향에 따라 전파 음영지역이 발생하여 그나마 낮은 데이터속도도 보장받지 못하는 경우가 많다.

예전에 북위 82도 이상 지역에서 연구를 한 적이 있었다. 이때는 위성인터넷시스템을 사용할 수 없었다. 보통 70도 이상의 지역에선 적도상의 정지위성을

북위 혹은 남위 70도 이상 지역에서 정지위성을 이용한 통신이 불가능한 경우 이리듐 시스템을 이용해 통신한다.

통한 통신은 불가능하며 비상시엔 전화가 가능한 이리듐시스템을 통해서만 다른 곳과 연락이 가능하다. 현재 이리듐 전화를 사용하기 위해서는 선교를 비롯한 몇 곳에서만 사용할 수 있도록 되어 있다.

5 아라온 선내생활

육상은 지진과 같은 특이한 상황이 발생하지 않는 한 늘 그 자리에 있지만, 바다 위에 떠다니는 선박은 정지라는 개념과는 거리가 멀다. 바다는 항상 움직이기 때문에 마치 살아있는 생명체와 같다. 바다 위에 떠 있는 아라온은 아주 작은 존재에 불과해서 항해사의 조정과 관계없이 파도에 따라 계속 움직이고 있다. 파도가 잔잔하면 그나마 다행이다. 그러나 파도가 거칠 때는 배의 흔들림이 더 심해져서 멀미는 기본이며 때에 따라서는 자다가 굴러떨어지기도 하고 복도를 지나거나 계단을 오르내리다가 부딪쳐 다치기도 한다. 식사 중에는 식기가 요동을 치고 커튼은 자동으로 쉴 새 없이 움직인다. 파도가 잔잔한 경우라도 엔진의 진동이 피부로 느껴지기 때문에 선내생활 자체가 쉽게 피곤함을 느끼게 한다. 그나마 위로가 되는 것은 유빙이 있는 지역으로 들어오면 언제 그랬냐는 듯이 바다는 파도가 거의 없는 거대한 호수로 변신한다.

남극의 중앙해령이란 곳은 항상 날씨가 안 좋기로 이름난 곳으

이리듐 통신이란?

이리듐은 전 세계 어디라도 통신이 가능한 유일한 위성 네트워크 시스템이다. 다른 통신시스템은 남극과 북극과 같은 극지방엔 통신서비스를 제공하지 못한다.

이리듐은 66개의 위성이 지구 전체를 거미줄 형태로 감싸 운영되기 때문에 지구 어디라도 24시간 내내 끊김 없는 통신서비스를 제공한다. 이리듐으로 데이터를 전송하면 수초 안에 이메일이나 웹서비스를 통해 상대방에게 전송이 된다. 따라서 이리듐은 극지방에서 유일하게 언제든지 통신이 가능한 서비스다.

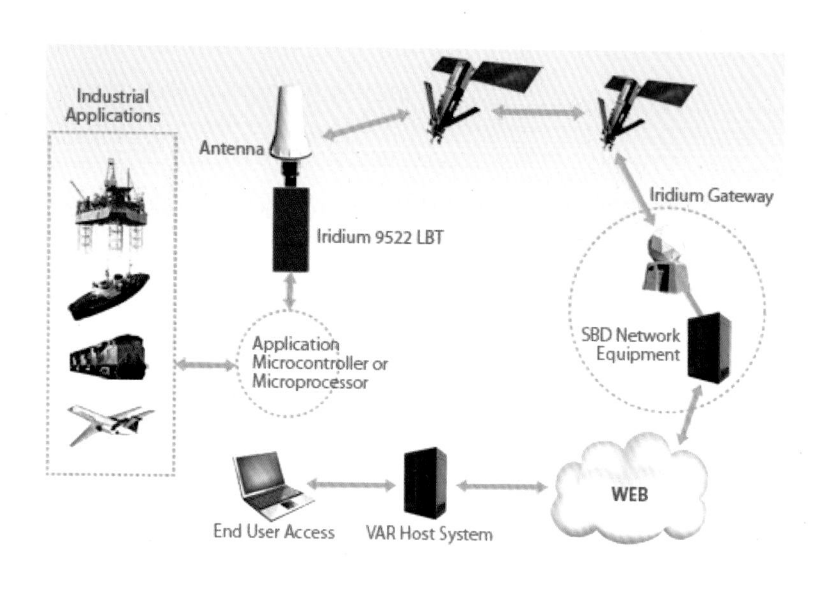

그림 1-14
(왼쪽)이리듐 데이터 시스템 구조, (오른쪽)이리듐 위성 네트워크와 이리듐 전화기

로 거대한 외부의 힘으로 인위적으로 배를 세게 흔드는 것처럼 좌우로 엄청나게 흔들린다. 이런 까닭에 아라온 의무실엔 멀미약을 많이 비치하고 있으며 모든 시설이 어떠한 배의 요동에도 안전하도록 고정장치나 미끄러짐 방지장치가 되어있다. 하지만 사람은 고정을 할 수 없으니 파도가 심할 때는 그 많던 사람들이 보이지 않는다. 다들 각자 방이나 연구실에서 멀미와 싸우고 있기 때문이다. 배가 많이 흔들릴 때는 누워있어도 땅이 계속 좌우로 앞뒤로 흔들리는 것과 같아서 자다 떨어지기도 하고 잠을 거의 자지 못하는 사람들도 많다. 만약 집에서 잠을 자려는데 침대가 아래위로, 좌우로 계속 많이 흔들린다고 상상해 본다면 과연 거기서 잠을 잘 잘

그림 1-15

바닥에 고정된 의자

수 있을까?

특히 날씨가 좋지 않은 날에는 식당에서 사람을 거의 볼 수 없다. 좌우로 심하게 흔들릴 때는 식사 중에도 그릇의 음식이 다 쏟아지고 심지어는 그릇이 바닥으로 떨어져 나뒹구는 등 그 모습은 상상만 해도 멀미가 나는 것 같다. 이런 와중에도 선택의 여지 없이 식당에서 요리하는 분들에게는 고마움을 느끼게 된다.

남극과 북극에서 연구는 1년에 한 번밖에 올 수 없는 지역이라 연구지역에 배가 도착하면 언제 그랬냐는 듯이 다들 나와 연구에 집중한다. 연구가 24시간 계속 이뤄지기 때문에 장비유지보수를 위해 24시간 이상 잠을 자지 못하는 경우도 있다. 여기에 배가 요동치기까지 한다면 정말 녹초가 되는 경우가 많다.

침실은 1인실, 2인실, 4인실, 2개의 온돌방으로 총 4종류가 있다. 다인실은 대부분이 2층 침대라 배가 심하게 요동치는 경우 2층 침실을 이용하는 경우엔 더 많이 멀미를 경험하게 된다. 다인실이나 온돌방 경우, 객실 내 화장실이 하나뿐이라 화장실이 사용 중일 때 용무가 보고 싶다면 계속 참거나 다른 공용화장실을 찾아 다녀야 하는 불편함도 있다. 화장실은 물 소비량을 줄이기 위해 사용후 버튼을 누르면 큰소리와 함께 세정 되는데 이는 진공식 오물처리방식이기 때문이다. 버튼을 누르면 아래 진공관으로 빨아당겨 탱크에 저장하는 방식이기 때문에 진공관이 막히면 연결된 여러 화장실을 사용하지 못하게 된다. 그래서 승선 후 안전교육 시 항상 항해사들의 교육내용에 절대 화장실용 휴지 외엔 아무것도 변기에 버리지 말라고 강조한다. 하지만 이번 연구항차에도 두 번 화장실이 막혀 많은 사람이 불편을 겪었다.

몇 달 이상 선내 생활을 하는데 세탁은 빠질 수 없다. 총 2곳의 세탁실이 있으며 세탁조가 가로로 되어있는 드럼식과 세로로 되어있는 통돌이 방식이 있다. 드럼식이 상대적으로 물이 적게 사용되기 때문에 드럼세탁기가 더 많은 편이다. 드럼세탁기가 옷감이 덜 상한다고는 하지만 계속되는 선체의 진동과 움직임으로 자주 고장

그림 1-16
바닥에 고정된 의자

이 나는 편이라 개인적으로는 통돌이를 더 애용한다. 전기식 의류건조기가 있긴 하지만 침실에 세탁된 옷을 빨래건조대에 널어놓으면 하루 이내에 완전히 건조되기 때문에 따로 의류건조기를 쓸 필요까진 없다. 아라온 실내는 상당히 건조한 편이다. 이때 세탁된 옷은 천연가습기 역할도 한다. 또한 건조한 피부를 위해 보습제는 오랜 아라온 선내생활에 필히 챙겨야 할 필수품 중 하나다.

아라온 실내는 상당히 건조한 편이다. 그래서 피부를 위한 보습제가 반드시 챙겨야할 필수품 중 하나다.

2장 북극해 탐사

북극은 우리나라와 같이 북반구에 있어 주로 여름에 북극해 탐사를 간다. 아라온을 이용한 북극탐사는 2010년부터 시작되었다. 북극해는 지구의 환경뿐 아니라 에너지와 자원 분야를 연구하는 중요한 지역이다. 특히 지구에서 가장 빠르게 더워지는 지역이라 지구온난화 연구에 최적이다. 이중 서북극의 척치 해와 동시베리아 해는 최근 20년 동안 평균기온이 2도 이상 상승할 정도로 온난화가 빠르게 진행되고 있어 매년 이 해역을 중심으로 연구탐사를 하고 있다.

북극 항해는 보통 7월 중순 인천을 출항하여 9월 말경에 인천으로 복귀하는 일정으로 진행된다. 북극탐사는 약 45일에 걸쳐 러시아와 미국, 캐나다 영해를 지나는 베링 해, 척치 해에서 주로 이루어진다.

북극은 우리나라와 같이 북반구에 있어 여름에 주로 북극해 탐사를 한다. 북극의 겨울은 얼음이 너무 두꺼워 연구가 쉽지 않다. 남극은 남반구에 위치하고 있어 우리나라와 계절이 반대이기 때문에 겨울에 주로 남극 탐사를 떠난다. 이때가 남극은 여름이라 그나마 얼음이 적기 때문이다.

북극해는 지구의 환경 변화와 에너지, 자원 연구와 관련된 중요한 지역이다. 특히 지구 온난화 연구에 아주 중요하다. 그중 척치 해와 동시베리아 해는 지난 20년간 평균기온이 2도 이상 상승할 정도로 온난화가 빠르게 진행되고 있다.

2010년부터 시작된 아라온과 함께하는 북극탐사는 이번 항차까지 일곱 번에 걸쳐 수행되었다. 북극해는 지구의 환경뿐만 아니라 에너지와 자원과 같은 분야를 연구하는 데 중요한 지역이다. 특히 전 지구를 통틀어 가장 빠르게 더워지는 지역이라 지구온난화 연구에 최적이다. 이중 서북극의 척치 해와 동시베리아 해는 최근 20년 동안 평균기온이 2도 이상 상승할 정도로 온난화가 빠르게 진행되고 있어 매년 이 해역을 중심으로 연구탐사를 하고 있다. 아라온에 설치된 수많은 연구장비를 중심으로 해양물리 분야를 비롯하여 해양화학, 해양지질, 지구물리 분야에 걸쳐 기초해양연구가 수행되고 있다.

그림 2-1 아라온을 통한 북극해 연구해역

해양물리 분야에는 CTD를 비롯하여 ADCP와 같은 장비들이 대표적인 장비들이며 해양화학 분야엔 해수분석기, pCO^2등 여러 장비가 사용된다. 해양지질 분야에는 롱코어시스템을 비롯하여 각종 코어류 등이 대표적인 장비들이다. 대기관측 분야에는 라이다 **LIDAR, LIght Detection And Ranging**, 에어로졸 측정기를 비롯한 여러 기상 센서들이 사용되며, 지구물리 분야에는 다중빔음향측심기와 다중채널탄성파시스템 등 대형음향장비들이 많이 사용된다. 하지만 어느 장비든지 한 분야에 국한된 장비라고 말하기 힘들 정도로 관측된 연구데이터는 여러 연구 분야에 사용된다.

이번 연구는 북극 해양생태계 변화 및 동시베리아 해의 해저 영구동토층permafrost* 과 가스하이드레이트gas hydrate** 해리 현상, 그리고 그로 인한 해저메탄 방출현상을 조사하는 것이었다.

연구 성격에 따라 총 2개의 연구항차로 나눠 진행되었다. 첫 번째 항차는 베링 해협을 통과하여 척치 해에서, 두 번째 항차는 동시베리아 해에서 총 45일에 걸쳐 이뤄졌다.

베링 해와 척치 해는 보퍼트 해와 더불어 기후변화 연구에 중요한 지역으로 미국과 캐나다를 비롯하여 많은 나라가 이 지역을 연구하고 있다.

이제 북극해 바다, 해저면, 해저지층, 북극 기후에 대한 순서로 어떤 연구가 이뤄지는지 살펴보고자 한다.

* 2년 이상 연속하여 0도 이하가 유지되는 곳을 말하며 육상에서는 고위도 지역과 고산지대에서 발견된다. 전 세계에서 유일하게 북극해에서만 해저에 이와 같은 조건을 갖는 지역이 분포한다.

** 메탄이나 에탄 등 탄소와 수소로 이루어진 탄화수소가 낮은 온도와 높은 압력에서 물 분자 내에 갇혀 얼음 형태로 유지되는 물질로, 러시아, 알래스카, 캐나다 등 육상 영구동토층의 하부와 일정 수심보다 깊은 전 세계 해역에서 발견된다. 자원 가능성 및 지질재해와 환경변화를 일으키는 요인이라는 측면에서 활발히 연구되고 있다.

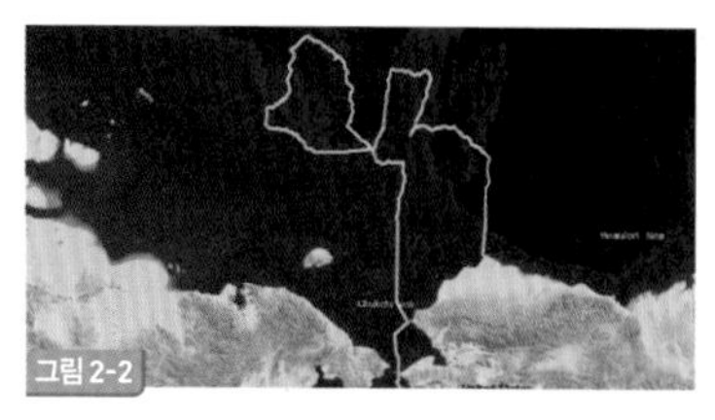
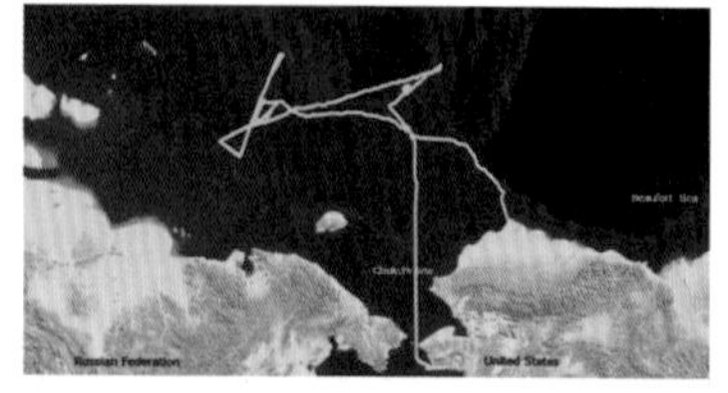
그림 2-2
2016년 북극연구를 위한 아라온 이동항로(왼쪽:1항차, 오른쪽:2항차)

1 북극해 바닷속

해마다 오는 북극 바다. 이 바다는 다른 바다와는 좀 다른 것 같다. 알래스카 놈에서 출발한 아라온이 북극해 진입을 위해 베링 해를 지나 베링 해협으로 향했다. 베링 해Bering Sea는 1728년과 1741년 러시아가 고용한 덴마크의 항해가인 비투스 베링이 일대를 탐사하였으며 그의 이름을 따서 붙여진 이름이다. 북극해를 가기 위해서는 베링 해협을 통과해야만 한다. 베링 해협에는 장비를 통한 관측을 해보면 많은 해양생물이 관측되지만 베링 해협을 지나 척치 해를 가면 생물이 거의 보이지 않았다.

CTD는 다양한 해양연구에 매우 중요한 연구장비 중 하나로, 전도도Conductivity, 수온Temperature, 수심Depth을 한 번에 측정할 수 있어 붙여진 이름이다. 물론 여기에 다른 다양한 센서 및 샘플러를 추가하여 CTD rosette system을 만들어 사용할 수 있고, 통상적으로 이와 같은 시스템을 사용하여 더 많은 해수의 정보를 효율적으로 얻을 수 있다. 관측되는 데이터 중 대표적인 몇 가지만 언급해 보고자 한다. 바다가 짠 정도를 나타내는 값은 염분도다. 염분도는 센서로 바로 관측이 되는 것이 아니라 수온과 전도도와 수심을 이용하여 계산된 값이다. 얼음은 담수로만 만들어진 것이기 때문에 육지로부터 떨어져 나온 대형 얼음이 바다로 흘러나와 녹은 지역의 염분도는 상대적으로 낮게 나오며 일반 바다에서 보는 것과 다른 형태의 염분도 그래프를 볼 수가 있다.

CTD는 전도도, 수온, 수심을 한 번에 측정할 수 있는 장비로, 해양 연구에 매우 중요한 장비다. 이 세 개의 관측값 외에 추가 센서 설치를 통해 용존산소량, 엽록소량, 탁도 등 다양한 데이터를 획득할 수 있다.

전기가 얼마나 잘 통하는지를 알 수 있는 전도도와 바닷속 수온은 바로 관측한 값이지만 깊이는 염분도와 마찬가지로 계산된 값이다. 깊이는 압력 센서로부터 측정된 압력 값을 이용하여 계산된 값으로 담수냐 해수냐에 따라 계산되는 방식이 달라진다. 해수의 경우에는 계산 과정에 중력값이 반영되어야 하므로 중력값 계산을 위해 관측 위치의 위도latitude가 고려되어야 한다.

아라온에서 사용되는 CTD 장비는 다음 표와 같이 어떤 센서를 장착하느냐에 따라 바닷속 용존산소량, 엽록소량, 물의 탁도, 바닷속 투과광량, 유속 방향 등을 측정할 수 있다.

센서 (모델명)	사용가능 최대 수심(m)	관측 내용
Underwater Unit (SBE911 Plus CTD)	10,500	전도도, 수온, 깊이, 염분도
DO Sensor (SBE43)	7,000	용존산소량
pH Sensor (SBE18)	1,200	수소이온농도
Fluorescence Sensor (ECO FLRTD)	6,000	형광도
PAR Sensor (SatPAR)	7,000	투과광량
Turbidity Sensor (C-Star)	6,000	물의 탁도
Altimeter (PSA-916)	6,000	해저면과의 거리

표2-1 장착 가능한 센서 및 측정 가능 데이터

CTD 장비는 크게 센서, 윈치, 데이터처리부의 세 부분으로 나눌 수 있다. 센서에는 해수를 채취하는 채수통이 붙어 있다.

CTD 장비는 크게 3가지 부분으로 나눌 수 있다. 물속에 실제로 내려서 특정 수심의 해수를 채수하고 여러 가지 값을 측정하는 CTD 센서 부분, CTD를 물속에 내리고 올리고 관측된 값을 CTD 연구실까지 전송해주는 CTD 윈치와 케이블 부분, 관측된 데이터를 분석하고 표시해주는 데이터처리 부분으로 나눌 수 있다. CTD 센서 부분은 그림의 왼쪽 연구장비(CTD 센서)

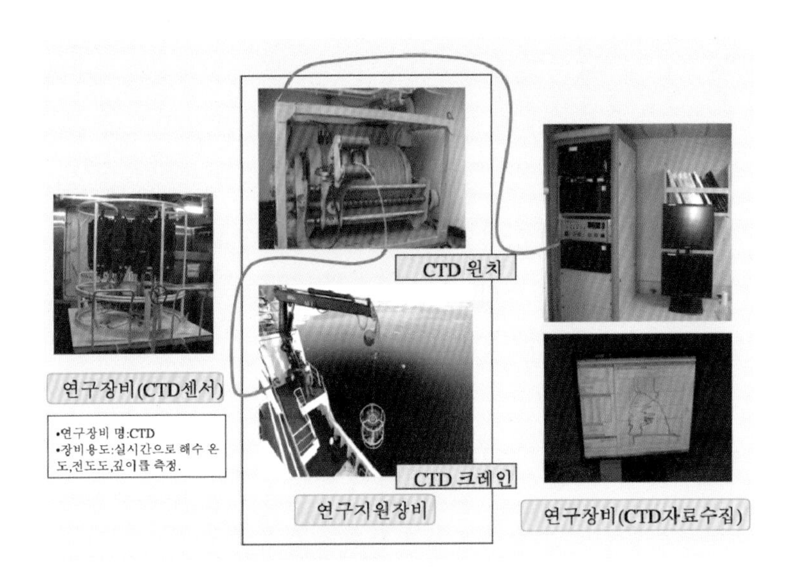

해수 채수기

CTD 심해 측정부

그림 2-3

CTD (수심별 수온염분측정기) 구성

부분으로 여기에는 실제로 특정 수심에서 해수를 채수하는 채수통과 여러 값을 측정하는 센서가 있다. 아라온에는 10리터 24개 또는 20리터 12개의 두 가지 형태로 채수통 장착이 가능하다. 만약 10리터짜리 24개가 장착되었다면 최대 24곳의 다른 수심으로부터 해수를 채수할 수 있다는 의미다. 더욱 다양한 수심에서 채수할 수 있어서 주로 10리터짜리 24개를 장착한 타입으로 많이 사용한다. 오른쪽의 연구장비(CTD 자료수집)부분에선 데이터를 처리하고 표시해주는 부분으로 실시간으로 해당 수심에서의 여러 측정된 값들을 보여준다. 연구원들은 CTD가 바닥 근처에 내려갈 때까지 관측된 데이터 그래프를 보고 관심 있는 수심을 선택해 해당 수심에서 해수를 채수한다. CTD가 올라올 때 결정된 수심에서 채수를 위해 프로그램에서 채수 명령을 내리면 열려 있던 채수통의 뚜껑이 닫혀 채수가 된다. 해저면 근처까지 장비를 내릴 때 해저면과 장비가 부딪치지 않도록 고도계에 표시되는 해저면까지 남은 거리를 모니터링하면서 운용을 한다. CTD가 해당 지점에서 모든 관측을 끝내고 배 위로 완전히 올라오게 되면 저마다 해당 수심의 해수를 연구실로 가져가기 위해 모여든다. 수심별로 채수된 물은 연구를 위해 해당 연구원들이 다 가져가고도 남는 경우가 많다. 다음 CTD 사용을 위해 남은 해수는 모두 버려지게 되는데 북극해 심층수라는 것이 나름 인기인지 일부분은 따로 보관을 위해 가져가는 사람도 있다. 북극 깊은 바다에서 채수한 바닷물이라는 상징성 때문일까?

CTD를 물속에 내리고 올릴 때 아라온의 경우 윈치 외에 CTD 크레인을 이용하지만 어떤 연구선들은 A자 모양의 프레임A-Frame에 걸어 내리고 올리기도 하고 요즘은 유압이나 전기를 이용하여 망원경을 넣었다 뺐다 하는 것처럼 길이를 조절할 수 있는 붐telescopic 타입으로 배 바깥쪽까지 뽑아 바로 내릴 수 있는 장비를 쓰기도 한다.

아라온이 사용하는 크레인 타입이 빛을 발한 적이 있었다. 예전에 남극 유빙 해역에서 CTD 장비를 사용한 적이 있었다. 장비가 물속으로 내려가고 올라올 때까지 CCTV로도 감시하지만 바깥에서 직접 눈으로 보면서 장비사용에 위험요소가 없는지를 감시하고 있었다. CTD는 물속 1,000미터 이상 깊이까지 내려가 있는 상황이었다. 저 멀리 해빙이 보이긴 했지만 큰 움직임이 없어 안심하고 있었다. 하지만 바람도 심하지 않았는데 순식간에 아라온 근처까지 큰 해빙이 접근하였고 이 상태로 계속 관측을 하게 되면 CTD에 연결된 케이블이 해빙과 충돌하여 손상을 입거나 끊어질 수도 있는 긴박한 상황이었다. 무전기를 통해 "관측은 그만합니다. 전속력으로 CTD를 올려주세요." 다급한 연구원의 목소리와 함께 윈치와

그림 2-4
다양한 CTD운용 방식

크레인이 굉음을 내며 전속력으로 CTD를 끌어올렸다. 하지만 점점 가까이 다가오는 해빙과의 충돌을 피하려고 크레인을 앞뒤 좌우로 조정하며 해빙의 빈틈을 통해 신속하게 올렸던 때가 있었다. A자 모양의 프레임에 걸어 내리는 방식과 붐 형태를 사용했더라면 이와 같은 유빙을 피하지 못했을 것이라 생각된다.

CTD는 물속으로 해저면 근처까지 내릴 때 조류에 의해 케이블이 해수면 대비 수직으로 내려가기 힘들다. 조류방향에 따라 한쪽 방향으로 쏠리면 윈치케이블에 부하가 많이 걸려 장비에 문제가 생길 수 있다. 최근에는 아라온을 비롯한 많은 연구선에는 자동위치제어시스템이 장착되어 있어 조류방향 관계없이 배가 일정한 위치를 계속 유지할 수 있는 능력이 있어 이와 같은 문제는 많이 줄어들게 된다. 그러나 정위치 유지를 위해 쉴 새 없는 프로펠러의 움직임으로 표층 부분의 물이 계속 섞이기 때문에 표층 부분 관측 데이터의 정확도가 떨어지는 점은 아쉬운 부분이다.

아라온에 사용되는 CTD는 수심 10,500미터까지 사용가능한 장비다. 1기압은 사람이 땅에 발을 디디고 있을 때 대기가 누르는 힘을 말한다. 바닷속 압력은 1기압이 아니라 내려갈수록 더 많은 압력을 받는다. 수심 10미터 내려갈 때마다 사람이 받는 압력은 1기압씩 증가한다. 만약 100미터만 내려가도 사람이 견딜 수 없을 정

그림 2-5

CTD의 각 센서 장착 모습

도로 기압이 상승한다. 산소통만으로 인간이 잠수할 수 있는 최대 깊이는 40미터로 알려져 있다. 그렇다면 5,000미터 아래의 기압은 얼마나 될까? 500기압의 압력이 어느 정도인지 상상이 될 수 있을까? 이 정도의 기압은 엄지손톱 위에 어른 8~9명이 올라간 정도의 압력이라고 한다. 이 정도면 자동차도 납작해질 정도의 압력이다. 실제 손으로 눌러도 들어가지 않을 정도의 딱딱한 스티로폼 조각에 파란색 유성펜으로 표시하고 1,000미터 아래로 내려보냈다 올려보면 그림처럼 크기가 많이 줄어들었음을 알 수 있다. 가로, 세로, 폭을 고려하면 거의 10분의 1크기로 줄어든 것이다. 더 깊이 내려간다면 더 높은 압력으로 더 작게 줄어들 것이다. 이 사진으로 수중에서 압력의 크기를 간접적이나마 느껴볼 수 있을 것 같다.

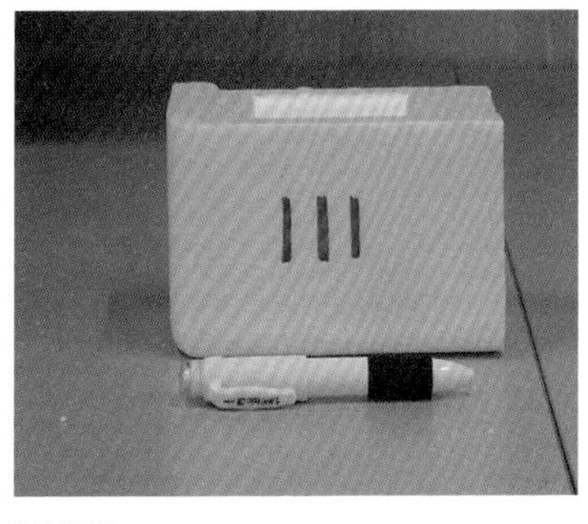
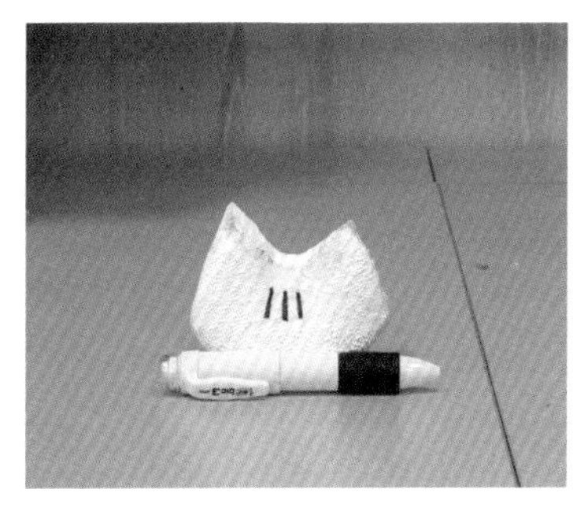

그림 2-6
스티로폼 크기 변화(왼쪽: 정상 크기, 오른쪽: 높은 수압으로 줄어든 모양)

> 수심 6,000미터의 바닷속에 가해지는 엄청난 압력을 견디는 케이스가 꼭 필요하다. 높은 압력을 견디기 위해 구형이나 원통형으로 제작하고 티타늄과 같이 단단한 재료를 사용한다.

수심 6,000미터 바닷속의 압력은 엄청나게 높은데 여기서도 모든 센서가 잘 동작하는 것을 보면 신기하기만 하다. 6,000미터의 깊은 심해에서도 장비가 멀쩡한 이유가 뭘까? 심해에서 사용되는 장비들은 수압과 방수를 위해 고무링O-ring과 전자부품 등도 중요하지만 장비를 보호하는 케이스가 가장 중요한 부분 중 하나이다. 일반 재질은 이 정도의 엄청난 수압에서는 견디지 못하기 때문에 장비케이스로는 사용되지 않는다. 물론 케이스 재질도 중요하지만 두께와 모양도 중요하다. 두께가 얇거나 압력을 분산하기에 적합하지 않은 모양으로 제작할 경우 그만큼 성능을 발휘할 수 없다. 보통 심해용 케이스는 구형이나 원기둥 모양이다. 대부분의 장비용 케이스는 어느 정도 이상의 두께로 제작된다. 표 2-2에서 보는 바와 같이 다양한 재료로 만들어진 케이스들이 해양관측장비용으로 사용된다. 재질 면에서 볼 때 PVC와 같은 플라스틱은 해수에 강하고 가격이 싸기 때문에 활용도가 높을 수 있지만 강도가 약해 얕은 바다용으로는 사용되지만 그 외에는 활용성이 떨어진다. 보통 심해용으로는 알루미늄을 많이 사용한다. 가벼운 무게에 가격도 저렴한 편이라 많이 활용되고 있다. 하지만 알루미늄 자체는 해수에 약하기 때문에 알루미늄 위에 특수코팅을 하여 사용되며 보통 5,000미터정도까지도 사용되고 있다. 10,000미터 이상의 아주 깊은 바닷속 압력을 견디기 위해서는 티타늄으로 제작된 케이스가 사용된다. 티타늄은 강도가 아주 세고 가벼운 재질이라 많은 심해장비에 사용되고 있다. 티타늄은 가격이 고가라 활용도가 높은 장비에 주로 사용된다. 실제로 아라온에 장착된 많은 해양연구장비들의 케이스는 알루미늄과 티타늄으로 제작되어 있다.

CTD 자체는 10,500미터까지 가능토록 설계가 되었으나 여러개의 센서를 추가 장착할 경우 각 센서별 최대 사용가능 수심을 꼭 점검해야 한다. 예를 들어 바닷속으로 태양광이 어느 정도까지 투과되는지를 관측하는 PAR 센서 경우 과거엔 2,000미터가 최대 사용가능 수심이었다. 보통 바닷속 50미터보다 더 깊은 곳까지 태양빛이 투과되지 않기 때문에 사용가능 수심이 2,000미터자체로는 충분한 수심이다. 그러나 많은 해양연구에서 CTD에 장착된 센서들의 사용가능 수심이 어떤 센서는 500미터, 어떤 센서는 3,000미터, 어떤 센서는 1만 미터라면 이때 사용가능 최대수심은 500미터가 된다. 만약 500미터보다 더 깊이 장비가 내려가게 되면 500미터 센서는 고장 나게 된다.

예전에는 최대 관측수심을 2,000미터를 기준으로 PAR 센서를 뗐다 붙였다를 해야 했다. 이렇게 하루에도 여러 번 연결과 분리를 계속하다 보면 불편할 뿐 아니라 CTD 본체와 센서의 연결부위가 손상되거나 방수에 문제가 생길 수가 있어서 많은 고민을 했다. 다행히도 최근에 7,000미터까지 사용가능한 PAR 센서가 개발되어 6,000미터까지는 여러 센서를 잦은 탈부착 없이 사용할 수 있게 되어 정말 다행이 아닐 수 없다.

각 센서들은 특수제작된 방수형 커넥터가 연결된 고무전선을 사용한다. 어느 정도 두께를 가진 고무튜브 내에 전선이 들어가 있으며 내구성도 좋은 편이라 해양장비 연결에 많이 사용된다.

재료명	강도	무게	가격
티타늄	아주 높음	가벼움	높음
베릴륨 구리		무거움	높음
세라믹	높음	가벼움	중간
수퍼듀플렉스 스테인레스스틸	좋음	무거움	중간
스테인리스스틸		무거움	중간
알루미늄		가벼움	낮음
플라스틱	낮음	가벼움	낮음

표 2-2 케이스 재료별 특징

CTD 본체는 장비를 내리고 올리는 윈치winch* 케이블에 연결되어 자료를 연구실의 컴퓨터로 전송한다. 윈치케이블이 CTD 본체와 연결되는 부분은 장비와 같이 깊은 바다 아래로 내려가기 때문에 높은 수압에 노출된다. 연결부위가 압력에 견디지 못하면 이곳으로 해수가 침투하여 전원공급이 끊어지거나 장비에 손상이 가는 현상이 발생한다. 수천 미터 아래로 내려간 장비가 관측 중에 해수유입으로 신호가 끊어

CTD를 바닷속으로 내려 보내는 윈치케이블은 연결 부위가 수압을 견딜 수 있도록 몰딩이 잘 돼야 한다. 수압을 못 이겨 해수가 침투하면 장비가 바로 고장나기 때문이다.

* 원통형 드럼에 와이어나 로프, 신호케이블을 감아 도르래를 이용하여 무거운 물체를 끌어당기거나 내리는 기계

지게 되면 수리 후 다시 관측해야 한다. 해수가 한 방울이라도 내부로 들어가면 순간적인 고전류로 더이상 장비는 관측을 할 수 없게 된다. 보통 일반적인 연구선의 환경과 다른 북극과 남극 바다는 바다 온도가 영하로 떨어지는 지역이라 방수를 위한 몰딩구조가 상대적으로 오래 견디지 못하는 것 같다. 해마다 고민 중 하나가 "어떻게 하면 보다 더 튼튼한 몰딩을 할 수 있을까?"이다. 여러 사례를 분석해보고 조사를 해 보지만 아직까지 확실한 개선책을 찾지 못했다. 올해도 새로운 방식을 고려해 보고 있다. 좋은 결과가 있기를 기대해본다.

장비 속으로 바닷물이 들어간 경우 수리를 위해 최소 하루의 시간이 소모된다. 바닷물이 케이블 내부에 조금이라도 들어가게 되면 신호연결선 두 가닥(⊕양극, ⊖음극)이 붙어버리는 단락 현상으로 순간적으로 과전류가 흘러 장비에 손상이 갈 수 있다. 다행히도 퓨즈가 전류 공급하는 장비에 일정 이상 전류가 흐르면 회로를 끊어주기 때문에 장비 손상은 발생하지 않는다. 하지만 퓨즈를 원래 용량보다 더 큰 것을 사용하게 되면 더 이상 장비는 단락 상황으로부터 보호될 수 없다. CTD 장비 운용에는 250V 0.5A 퓨즈가 사용된다. 퓨즈의 역할은 250V에서 동작하는 장비가 평소엔 0.5A 이하로 흐르다가 단락과 같은 과전류가 흐르면 자동으로 회로를 끊어

아라온에 있는 연구용 윈치들

Steel Wire Winch

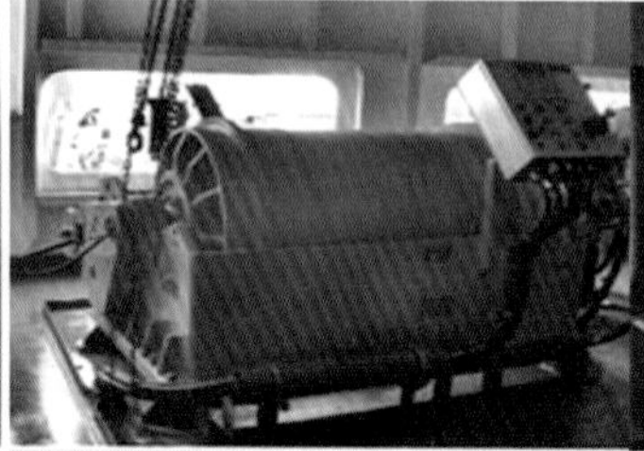

Small Coaxial Winch

Winch Control Roor

DeepSea Winch　　Electro-Optical Winch　　PowerPack

그림 2-7

아라온에서 사용하는 윈치

아라온에서는 다양한 연구장비를 물속에 내리고 올려야 하기 때문에 장비 특성에 따라 사용가능한 다양한 윈치가 설치되어 있다. 윈치란 무거운 장비를 유압이나 전기의 힘을 이용하여 쉽게 전개 및 회수가 가능하게 해주는데, 연구에 필수적인 보조장치 중 하나다. 여러 윈치에 사용되는 케이블은 steel wire, plasma rope, coaxial cable, optical fiber cable로 크게 4종류의 케이블을 사용한다. 이중 coaxial cable과 optical fiber cable 경우는 케이블 내부에 구리선이나 광섬유가 들어있어 장비를 전개 및 회수를 하면서 실시간으로 데이터 송수신이 가능하여 다양한 연구를 가능하게 해준다. 케이블 종류에 따라 사용되는 장비들은 아래와 같다.

케이블 종류	해당 윈치	사용 장비
Steel Wire	Small Deep Sea Winch	Gravity Corer, Box Corer, Multiple Corer, Dredge
Plasma Rope	Deep Sea Traction Winch	Long Corer
Coaxial Cable	CTD Winch, Small Oceanographic Winch, Electro Coaxial Winch	CTD, MOCNESS, RMT
Optical Fiber Cable	Optical Fiber Winch	Deep Sea Camera, ROV

표 2-3 윈치 케이블 종류

주는 역할을 한다. 과전류로부터 장비회로를 보호하기 위한 수단이다. 만약 해당 퓨즈의 여분이 없어 250V 1A짜리 퓨즈를 사용한다면 회로는 연결되어 동작은 할 것이다. 만약 장비 오류로 순간적으로 0.5A 이상의 과전류가 흘렀을 때 회로가 차단되지 않기 때문에 내부 전자회로가 손상을 입게 된다. 이런 경우엔 장비 내부 부품 전체를 교체하거나 폐기해야 하는 최악의 순간을 만날 수도 있다. 장비수리를 위해서는 이러한 퓨즈의 규격을 확인하는 것은 아주 중요하다. 고압의 직류전압으로 동작하는 대부분의 장비는 장비 내부에 대형 콘덴서(커패시터라고도 한다)가 들어있다. 콘덴서의 역할은 직류에너지를 충전하고 방전한다. 콘덴서가 클수록 한 번에 더 많은 전기를 충전했다가 방전시킴으로써 더 큰 힘을 필요로 하는 장비에 에너지를 공급해 주게 된다. CTD 경우 250V의 직류를 동작전압으로 사용한다. 직류로 250V이면 상당히 높은 전압이다. 연구실의 CTD 동작원으로부터 CTD 센서까지 연결된 케이블은 길이가 1만 미터이기 때문에 저전압으로는 동작이 힘들다. 여기서 조심해야 할 부분이 장비로 전원을 공급하는 케이블 점검이나 장비 교체를 위해 전원을 끄고 바로 전원공급 케이블을 뽑아버리면 내부의 콘덴서에 고전압의 전기가 남아있기 때문에 강한 스파크로 장비에 손상을 줄 수가 있다. 전원을 끄고 1분 이상 기다리면 남아있던 전기가 자연적으로 방전되기 때문에 이후에 케이블을 분리해야 한다.

장비케이블 내부의 침수 여부는 절연저항 시험을 통해 알 수 있다. 절연저항insulation resistance*시험은 신호를 전달하는 케이블의 절연상태를 점검하는 것으로 높은 직류전압(아라온의 경우 보통 1,000V를 적용)을 전선에 인가하여 저항값을 측정한다. 전선 내부에 물이 있다면 기준 저항값보다 훨씬 낮은 저항값을 가지기 때문에 내부에 물이 있다고 판단하게 된다. 수리하는 동안에는 장비를 전혀 사용할 없다. 올여름 북극탐사 때도 두 번이나 케이블 연결부위가 손상되어 수리를 하였다.

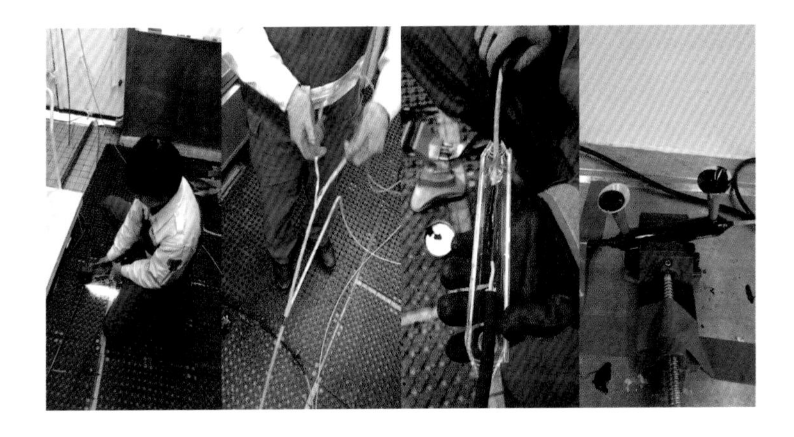

그림 2-8

케이블 수리 (왼쪽에서 오른쪽으로, 케이블 절단, 케이블 조립, 케이블 연결, 케이블 몰딩)

자주는 아니지만 센서마다 케이스 본체와 덮개 사이에 연결되는 부위에 사용되는 고무링과 CTD 본체에 연결되는 sea cable도 점검 및 교체를 해 주어야 한다. 사용기간이 길어지면 고무링이 수축되고 sea cable도 오랜 사용으로 해수유입을 막는 데 어려움이 있을 수 있기 때문이다.

그림 2-9
고무링과 각종 sea cable

CTD는 압력 센서를 통해 수심을 측정한다. 10미터 깊어질수록 1기압씩 수압이 증가한다. 용존산소, 수온, 전도도는 해수를 관측 센서에 통과시켜 측정한다. 일정한 속도로 통과되도록 CTD의 각도와 위치를 잘 잡는 것이 중요하다.

CTD는 전도도, 수온, 수심을 동시에 관측 가능하다. 수심은 어떻게 잴 수 있을까? 10미터 깊어질수록 1기압씩 수압이 증가한다. 압력 센서를 통해 압력을 재면 이를 깊이로 환산 가능하다.

수온과 전도도와 해수 속에 녹아있는 용존산소 등은 해수를 관측 센서에 통과시켜 관측하게 된다. 이를 위해서는 양쪽에 직류로 동작하는 해수펌프가 달려있다. 물이 일정한

속도로 통과되도록 하려면 펌프 드레인부의 각도와 센서의 상대위치가 중요하다. 물이 일정하게 통과되지 않으면 정확한 관측이 힘들다.

극지방에서 CTD관측을 하기 위해서는 물속에 3분 이상 있다가 장비를 동작시키는 것을 권장한다. 영하의 날씨에 내부에 얼어 있는 부분이 있을 때 펌프를 작동하면 작은 얼음조각들이 센서를 손상할 수 있기 때문이다. 아래 그림은 용존산소량을 측정하는 DO 센서의 필터가 손상된 모습이다. 필터가 상당히 얇아서 조그마한 이물질에도 쉽게 손상이 갈 수 있다. 필터가 손상된다면 제대로 된 값을 얻을 수 없다.

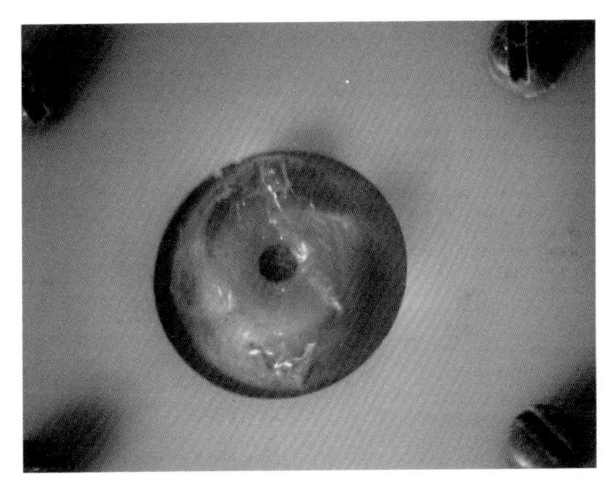

그림 2-10

손상된 DO 센서

형광계는 식물의 녹색 색소인 엽록소의 양을 측정하고, 이를 통해 식물플랑크톤의 양을 추정한다.

엽록소를 측정하는 형광계fluorometer는 엽록소를 검출할 수 있는 특정 파장대의 빛을 쏘고 엽록소로부터 반사되는 양을 관측하게 된다. 반사되는 양이 많을수록 전압값이 올라가게 되어 이를 디지털화하여 정형화된 값으로 표현하게 된다. 관측된 형광성분은 엽록소량을 알 수 있어서 해양생물을 연구하는 연구원에게는 중요한 값이다. 형광계 센서의 동작이 제대로 되는지를 관측 전에 점검해야 한다. 어떻게 점검을 할 것이냐는 의외로 쉽다. 형광성분이 있는 부분을 센서 앞에 왔다 갔다 할 때 값이 변하면 동작은 제대로 한다고 판단할 수 있다. 센서 구입 시 들어있는 센서 시험 막대도 같은 원리이다. 즉 형광성분이 도포된 어떠한 것이라도 상관없다. 형광무늬 옷, 형광문양 모자 등 형광을 발하는 것은 다 가능하다.

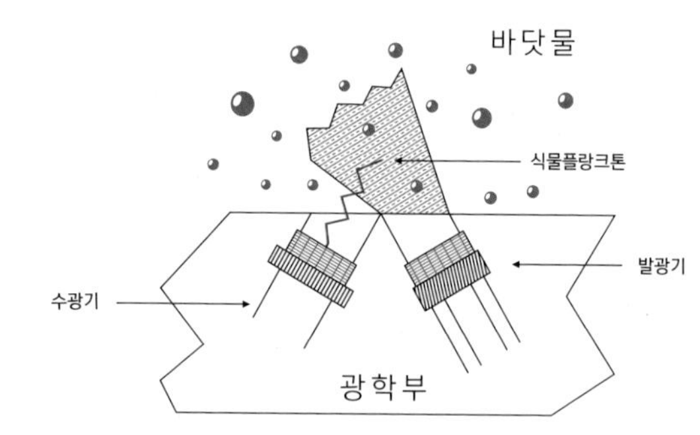

그림 2-11

형광계의 원리

우리나라 동해에서 관측한 자료와 북극해에서 관측한 자료를 보면 많은 차이가 있음을 알 수 있다. 동해는 수심이 깊어질수록 수온은 떨어지는 경향이 있으나 북극이나 남극처럼 영하로 떨어지지는 않는다. 초록색 그래프는 엽록소 농도를 나타내는 것으로 엽록소 농도가 클수록 식물플랑크톤이 많이 산다는 것을 의미하고 이는 근처에 생명체가 있음을 추측할 수 있다. 척치 해에서 관측한 자료를 보면 동해와는 달리 엽록소가 거의 관측되지 않는다. 북극해의 얕은 수심까지는 녹은 얼음의 영향으로 상대적으로 동해보다 염분도도 낮다.

> 동해는 수심이 깊어질수록 수온이 떨어지는 경향을 보이지만, 극지의 바다처럼 영하로 떨어지지는 않는다. 북극 척치 해에서는 엽록소가 거의 관측되지 않는다.

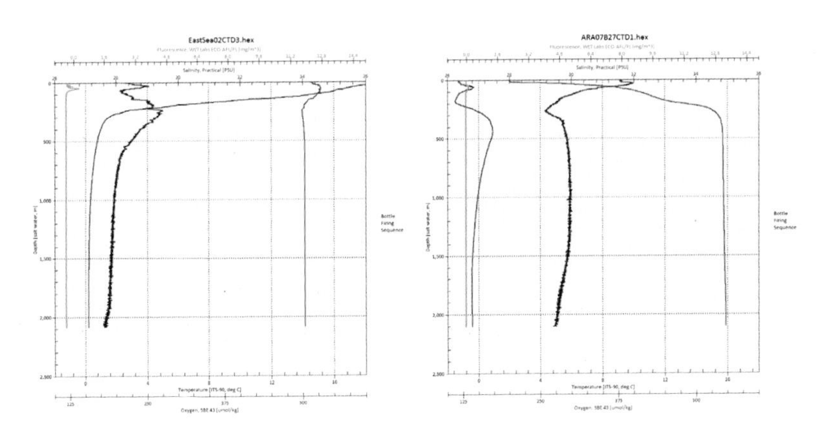

그림 2-12

동해 심해 관측결과(왼쪽), 북극 심해 관측결과(오른쪽)

CTD는 배가 정지한 상태에서 주로 관측하는 장비지만 아라온에는 이동할 때 연속적으로 해수분석이 가능한 장비도 갖추고 있다. 배가 이동할 때도 해수 취수가 가능하도록 배 밑바닥 양쪽에 취수구가 설치되어있다. 최대로 순수한 해수를 각 실험실까지 취수하기 위해 모든 배관과 펌프를 특수제작하였다. 일반 해수관을 사용하면 바닷물과 계속 접촉할 경우 해수에 다른 성분이 녹아 들어갈 수 있다. 연구실 근처에는 해수용 PVC 관을 사용하였고 기관실 근처의 해수관은 스테인리스 관 내부에 특수코팅을 하여 연구실까지 이동한 해수가 직접 취수한 것과 가장 가까운 상태를 유지하게 된다.

저온의 해수가 아라온 내에 설치된 해수관을 따라 연구실까지 이동하면서 해수 온도가 상승하게 되면 정확한 관측을 할 수 없다. 실제에 가장 근접한 데이터를 얻기 위해 연구실까지 기관실을 거치지 않고 갈 수 있는 최단거리로 설계를 하였다. 해수의 이동거리가 길어지면 실내의 온도에 영향을 받아 극지방의 차가운 해수 온도가 상승할 수 있으며 특히 기관실 근처를 지나게 되면 엔진 열에 의해 더 큰 온도변화가 있을 수 있다. 해수 온도는 선저 취수구 입구에 설치된 온도 센서로 측정을 하고 다른 성분들은 실험실에 설치된 Thermosalinograph란 장비를 통해 관측이 이루어지며 보다 정확한 관측을 위해 주기적으로 제작사에 장비를 보내어 검 · 교정을 실시하고 있다. 특정 지역, 특정 기간이 아닌 상시관측을 필요로 하는 장비들은 검·교정을 보내게 되면 그동안 연속관측을 할 수 없기 때문에 예비 장비를 항상 보유하고 있어야 한다. 예비장비는 검 · 교정을 위한 공백 기간을 없애는 효과도 있지만 장비에 문제가 발생했을 때도 예비장비로 교체하여 관측을 계속하게 하면서 그동안 기존 장비 문제 해결을 위한 시간 확보가 가능하므로 꼭 필요한 부분이라 할 수 있다.

2 북극해 해저면

바다 밑은 육지처럼 평지도 있고 계곡과 산도 있다. 수심 몇천 미터의 해저면을 보려고 물속으로 들어갈 수는 없다. 배가 이동하면서 바닷속 해저면이 어떻게 생겼는지를 내려가지 않고 알 수는 없을까? 어떻게 이런 지형들이 있다는 것을 알 수 있을까? 이러한 호기심이 있었기에 지금 우리는 저 깊은 바다의 수심과 해저바닥이 어떻게 생겼고, 뭐가 있는지를 쉽게 알 수 있다.

아라온 선체 바닥에는 수많은 음향장비가 설치되어 있다. 이중 다중빔음향측심기multi-beam echosounder는 아라온 선체 바닥에 설치된 장비 중 규모가 가장 큰 장비로 아라온 바로 아래쪽 해저면을

아라온의 다중빔음향측심기를 이용해 바닷속 해저면의 수심과 해저바닥을 관측할 수 있다.

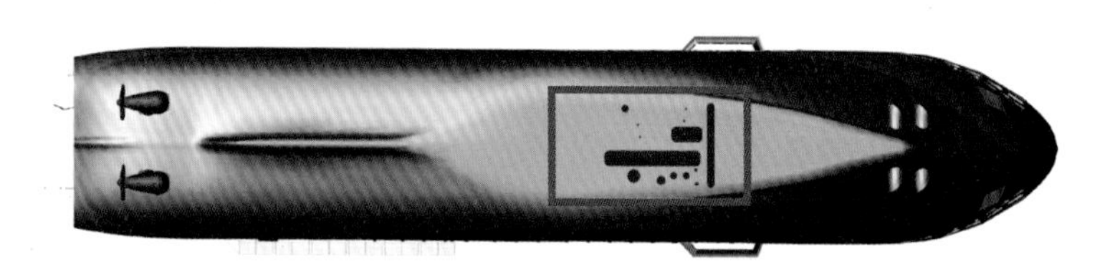

그림 2-13
아라온 선저 음향장비 위치

실시간으로 탐사할 수 있다.

음향측심기echosounder가 개발되기 전에는 줄에 무거운 추를 매달아 바다 밑으로 내려보내 추가 해저면에 닿았을 때 줄의 길이를 재 깊이를 측정했다. 이를 깊이 측정, 측심sounding이라고 한다. 1913년에 독일의 알렉산더 벰이 음향측심기를 최초로 발명한 후

장비명	모델명	주파수(kHz)	용도
다중빔음향측심기 (Multi-beam Echosounder)	EM122	12	해저면 탐사
천부지층탐사기 (Sub Bottom Profiler)	SBP120	2.5~7	해저지층 탐사
정밀수심측정기 (Precision Depth Recorder)	EA600	12,38	정밀 수심 측정
어군탐지기 (Scientific Fish Finder)	EK60	38,120,200	어군 탐지
유속측정기 (Acoustic Doppler Current Profiler)	OS38	38	유속, 유향 측정

표 2-4 선저 설치 음향장비들

지금은 다양한 음향장비를 이용해 물속에 직접 들어가지 않고도 다양한 연구가 가능하게 되었다.

바닷속 사용 장비들과 통신을 위해서 육상의 전파를 이용하는 것처럼 바다에선 대신 음파를 사용한다. 전파는 물속에 들어가면 높은 유전율과 전기 전도도 때문에 빠른 속도로 흡수가 되어 원거리 전송이 어렵다. 다음 그래프에서 파란색 선은 해수에서 전자파 감쇄도를 나타내며 빨간색은 담수(호주 애들레이드 담수)에서의 감쇄도를 표시한 것이다. 담수보다 해수의 전도도가 더 높으므로 같은 주파수에서도 더 많은 감쇄가 있음을 알 수 있다.

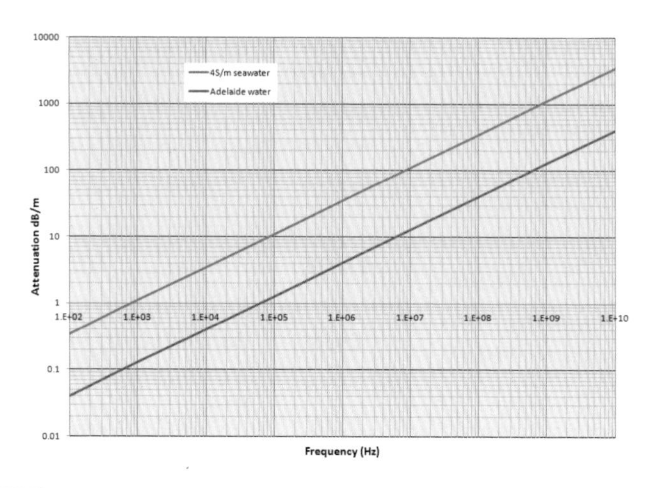

그림 2-14

해수와 담수에서 주파수에 따른 전자파 흡수도 변화

1490년 레오나르도 다빈치에 의해 물속에선 음파가 전송이 잘 된다는 것을 발견했다고 한다. 음파에 의해 수중 목표의 방위 및 거리를 알아내는 장비를 소나SONAR, SOund Navigation And Ranging라고도 부른다. 먼 곳의 물체를 전파를 이용하여 판독할 수 있는 레이더RADAR, RAdio Detection And Ranging와 같은 원리이다. 음파는 전자파보다 훨씬 더 멀리까지 바닷속에서 전파가 되기 때문에 해저면 매핑과 해양탐사에 많이 사용된다. 바닷속 해저면을 볼 수 있는 것은 음파 투과와 반사의 원리를 이용하기 때문이다. 음파의 원리를 이용하는 경우를 주변에서도 쉽게 볼 수 있다. 건강검진 시 초

음파검사와 뱃속의 태아 사진을 만들어내는 소노그래프sonograph, 거리측정용 센서 등 많은 예를 볼 수 있다.

2차 세계대전 이후 음향측심기는 바다의 수심을 결정하는데 사용되어왔다. 음향측심기는 보통 배 바닥에 설치를 많이 한다. 음파를 바닷속으로 발사하면 음파 에너지는 해저면으로부터 반사되어 오고 이를 음파수신기가 받아 기록하게 된다.

음파의 경우 높은 주파수, 낮은 주파수에 따라 투과거리가 다르다. 다른 온도에서 주파수별 음파흡수정도를 나타내는 그림에서 보는 바와 같이 주파수가 높을수록 흡수계수가 높게 나타난다. 즉 주파수가 높을수록 깊은 곳까지 전송이 안 된다는 것이다. 따라서 심해저탐사를 위해서는 낮은 주파수 사용이 필요하다. 낮은 주파수는 반면에 해상도가 떨어지는 단점이 있어 해양연구에는 높은 주파수와 낮은 주파수를 병행해서 사용하게 된다. 작은 선박이나 선저에 여러 대의 센서를 설치할 공간이 없을 경우, 천해, 중천 해, 심해 중 어느 정도 수심에 중심을 둘 것인가에 따라 장비를 선택해야 한다. 또한 해상도도 고려해야 하는데 이를 위해 동작주파수, 음향 빔의 사이즈, 빔의 개수 등이 장비 선정 시 고려되어야 한다.

> 음파는 주파수의 크기에 따라 투과거리가 다르다. 주파수가 높을수록 깊은 곳까지 전송이 안 된다. 낮은 주파수는 해상도가 떨어지는 단점이 있다.

아라온에 장착된 음향장비는 천해에서 심해까지 탐사가 가능해

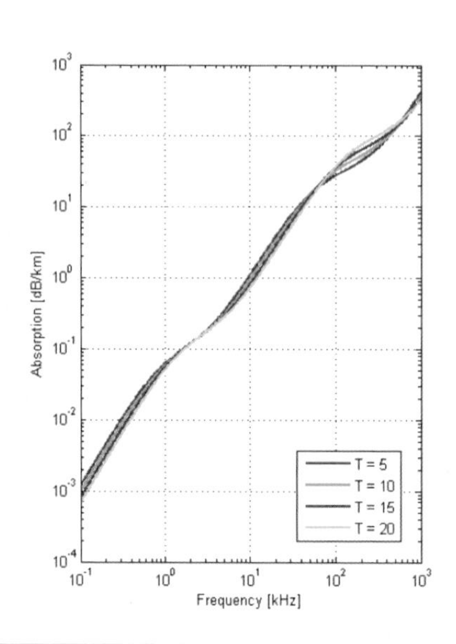

그림 2-15

해수온도별 주파수에 따른 음파 흡수도 변화

그림 2-16

주파수별 가능 투과 깊이

야하기에 다양한 주파수의 장비들로 이뤄져 있다. 그러나 다중빔 음향측심기는 설치 공간이 여의치 않아 심해탐사용 12kHz를 사용하는 가장 큰 모델만 설치되어 있다. 아라온 다중빔음향측심기는 실제 장비스펙에 나와 있는 깊이까지 탐사를 해보지는 않았으나 11,000미터까지 탐사가 가능하다고 한다.

음파를 발사하면 반사되어 오는 음파를 분석하여 많은 정보를 얻을 수 있다. 특히 한 번에 많은 음파를 보내면 반사되어 오는 음파신호도 많게 되며 그만큼 많은 정보를 얻게 된다. 아라온의 다중빔음향측심기는 한 번에 432개의 음파신호를 순차적으로 보내고 받아 해저면을 그릴 수 있다. 반사되어오는 시간과 반사강도를 알면 지형의 모양과 지형의 강도 등을 알 수 있기 때문이다.

> 반사되는 음파를 분석하면 많은 정보를 얻을 수 있다. 한 번에 많은 음파를 보내면 반사되는 음파도 많아 그만큼 더 많은 정보를 얻을 수 있다. 아라온의 다중빔음향측심기는 한 번에 432개의 음파신호를 보낼 수 있다.

다중빔음향측심기는 해저면을 탐사하는데 사용되는 표준기술이다. 전통적인 음향측심기와 달리, 여러 개의 음파를 동시에 송수신함으로써 일반 음향측심기보다 해상도가 훨씬 뛰어나며 한 번에 탐사할 수 있는 범위가 넓기 때문에 시간과 비용을 절약할 수 있어 최근에 많이 사용되는 기술이다.

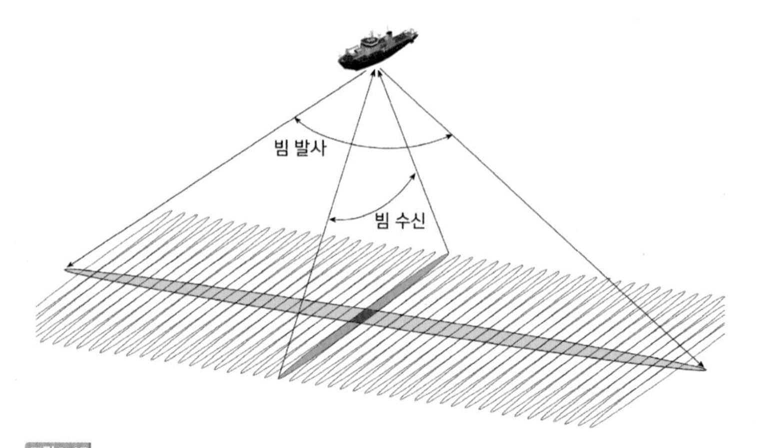

그림 2-17

다중빔음향측심기를 이용한 탐사

그림을 보면 송신되는 여러 빔은 배 진행방향 대비 옆으로 길게 한 번에 송신(노란색)한다. 여러 송신 빔에 대해 여러 반사된 빔을 수신하게 되는데 각각의 반사 빔은 배 진행방향대비 같은 방향인 초록색으로 표시할 수 있다. 노란색과 초록색이 만나는 부분(파란색)이 footprint이며 이때 수심 값은 파란색부분의 평균값을 표시한다. 배 바닥에 설치된 송수신 센서 어레이가 클수록 footprint는 작아지기 때문에 보다 높은 해상도의 이미지와 더 정확한 수심 값을 얻을 수 있다. 아라온에는 1×1짜리로 설치 당시에는 가장 작은 footprint를 가지는 가장 큰 센서 어레이 장비가 설치되어 있다.

여러 음파를 순차적으로 발사할 때 음파발사시간이 다르기 때문에 음파속도를 알면 반사되어 돌아오는 각 음파를 구분할 수 있다. 수심이 얕으면 음파 발사 주기가 짧으며 깊을수록 음파 발사 주기가 길어진다. 또한 해저면이 바위일 경우 반사도가 강하지만 진흙과 같은 곳은 일부 흡수되고 반사되어 상대적으로 반사도가 약하다. 이런 음파신호 반사강도를 알기에 해저면이 어떤 재질로 이루어졌는지도 예측가능하다.

정확한 수심과 해저지형 탐사를 위해서는 음파가 바닷속을 얼마나 빨리 이동하는지를 알아야 한다. 음파속도는 바닷물의 온도, 염분도, 압력(해수면 아래 깊이)에 따라 달라진다. 음파속도는 1,400~1,570m/s 범위의 값을 가진다. 일반적으로 음파속도라 하면 1초당 1,500미터(1,500m/sec)라고 말한다. 이 속도는 음파의 공기 중 진행속도보다 약 4배 정도 빠르다.

음파신호는 스넬의 법칙에 따라 물속에서 진행방향에 따라 일부는 반사되고 일부는 투과된다. 이때 매질을 통과하는 음파면의 진행속도는 음파속도에 따라 달라지며 이에 따라 음파는 굴절하게 된다. 이때 음파속도가 정확하지 않으면 정확한 값을 측정할 수 없다. 이런 이유로 다중빔음향탐사 시 실시간 아니면 자주 음속보정을 해주어야 한다. 배가 이동하는 지역의 온도,염분도에 따라 음파속도가 계속 변하기 때문이다.

음파속도(Sound Velocity)

음파의 진행속도를 말한다. 해양탐사에서 말하는 음파속도는 바닷속에서 음파의 진행속도를 의미하며 보통 줄여서 음속이라고도 표현한다. 다중빔음향측심기를 비롯한 음파를 이용한 모든 관측 장비에서 음속은 아주 중요한 값이다. 물속에서 음향에너지를 전송하는데 가장 많은 영향을 받는 요소가 음속이다.

음속은 수심에 따라 상수가 아니라 변하는 값이다. 일반적으로 염분도와 수온, 깊이 변화에 따라 음속의 변화 정도는 아래와 같다.

1도 변화(수온) = 4.5m/sec 음속변화

1ppt 변화(염분) = 1.3m/sec 음속변화

100m 변화(깊이) = 1.6m/sec 음속변화

그림 2-18

1822년 다니엘 콜로덴이 스위스 제네바 호수에서 수중 벨을 이용하여 음파속도를 관측 음파속도 계산을 위해 주로 많이 사용하는 계산법은 Chen and Millero, Del Grosso, Wilson의 3가지 방식이 사용된다. 1993년 Hydrographic Society에 발표된 "A Comparison Between Algorithms for the Speed of Sound in Seawater"에서 음속 계산 알고리즘을 비교한 적이 있다. 보고서에선 1,000미터 이내에선 Chen-Millero 알고리즘을 1,000미터 이상에서는 Del Grosso 알고리즘을 추천하고 있다.

현재 사용되는 일반적인 음속 계산식은 아래와 같다.

$$c=1449.2+4.6T-0.055T^2+0.00029T^3+(1.34-0.010T)(S-35)+0.016D$$

T:수온(degrees Celsius), S:염분도(ppt, parts per thousand), D:수심(m)

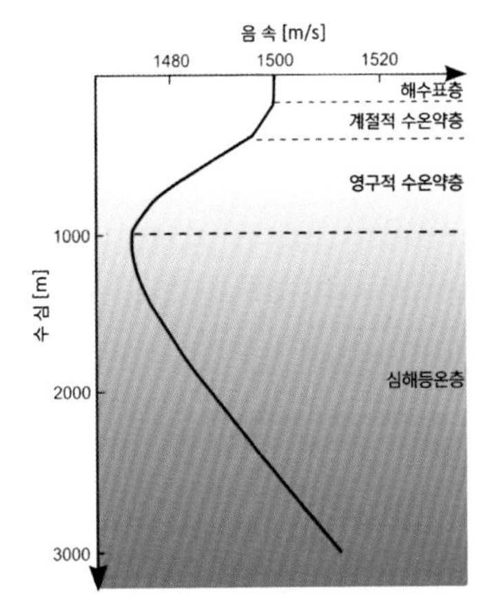

그림 2-19
수심에 따른 음파속도

보통 음속을 측정하기 위해 배를 세워야 한다. 그러나 해양탐사에 있어 시간은 비용과 직결되기 때문에 탐사 시 음속을 최대한 빨리 반영하는 것은 중요한 요소 중 하나다.

다중빔음향측심기는 배가 이동할 때도 음속 보정을 위해 표층의 음속을 실시간으로 측정하여 해당 프로그램으로 보내 음파 송수신 시 보다 정확한 값을 얻을 수 있도록 하고 있다. 일반 연구선은 표층음속관측 센서 헤드가 배 바닥 아래로 조금 더 내려와 표층의 음속을 관측한다. 하지만 이런 방식은 쇄빙 시 센서가 얼음에 부딪혀

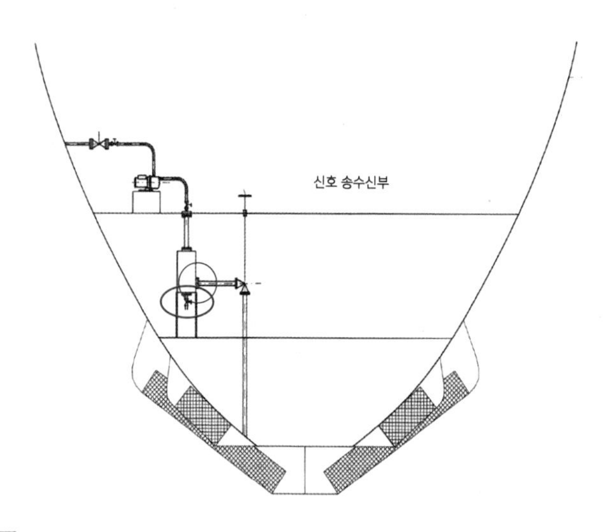

그림 2-20

아라온에 장착된 표층 음속관측 센서

파손되어 데이터 획득이 어렵다. 아라온과 같은 쇄빙연구선에서는 이러한 실시간 표층 음속을 재는 음속관측센서를 일반 연구선과는 다른 형태로 설치한다. 음속관측을 위한 센서룸을 배 바닥과 가장 가까운 곳에 설치하여 센서룸으로 펌프를 이용하여 표층수를 실시간 계속 순환하면서 관측을 하는 구조로 되어 있다. 센서는 센서룸에 있기 때문에 얼음으로부터 보호를 할 수 있다.

모든 음향장비의 설정 메뉴에 보면 음파속도를 입력하는 부분이 있다. 음파속도는 음파의 도달시간을 계산하여 깊이를 계산하기 때문에 아주 중요한 값이다. 음파속도에 따라 계산된 깊이가 달라진다. 예를 들어 입력된 음파속도가 초속 1,450미터일 때 음파 송신 후 수신 시간이 2초라면 장비에 표시되는 수심은 1,450미터로 표시가 될 것이다. 하지만 음파속도가 초속 1,550미터로 입력이 되어 있을 때는 똑같이 송수신까지 시간이 2초일 때 표시되는 수심은 1,550미터가 되어 100미터의 오차가 발생한다. 만약 수심이 더 깊어진다면 이런 오차는 더 커질 것이다.

$$\text{수심}(m) = \frac{1}{2} \times \text{음파속도}(m/s) \times \text{송수신기간}(sec)$$

다중빔음향측심기의 음속보정이 되지 않았을 때 오차가 발생하

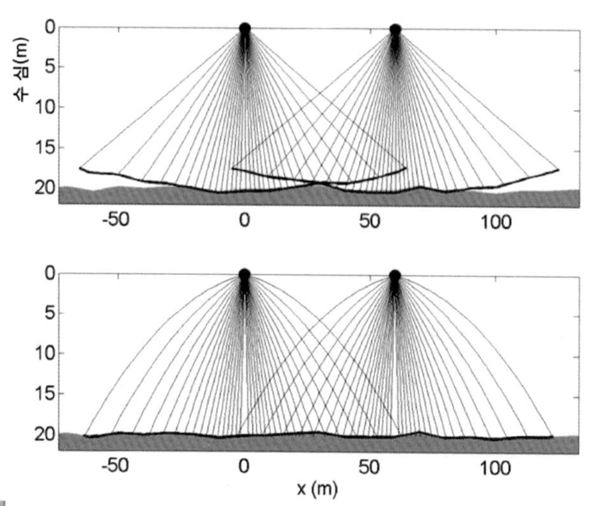

그림 2-21

음속에 따른 다중빔음향측심기 관측(위: 음속보정이 안 된 상태에서 해저면 관측, 아래: 음속보정 후 해저면 관측)

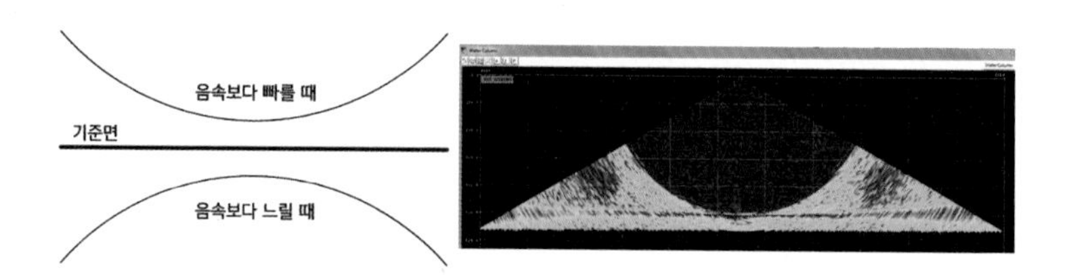

그림 2-22

(왼쪽)refraction error (오른쪽)다중빔음향측심기 워터칼럼(음속이 맞을 때)

며 이에 따라 관측된 해저면은 볼록하거나convex, smile face나 오목한concave, frown face 모양으로 나타난다. 음속보정이 되었을 때는 위로도 아래로도 휘지 않은 일자 형태로 표시된다. 이는 water column display를 통해 확인가능하다.

아래 그림은 동해와 북극해에서 각각 관측한 깊이별 염분도, 수온, 음파속도를 보여준다. 일반적으로 교과서에 나오는 깊이별 음파속도는 아래 좌측 그림과 비슷하지만 극지방은 깊이별 음파속도 변화가 다르다. 음파속도를 계산하는데 필요한 변수인 염분도와 온도, 전도도의 깊이별 변화가 다르기 때문이다.

음파속도보정을 위해서는 배가 이동하면서 표층의 음속을 관측

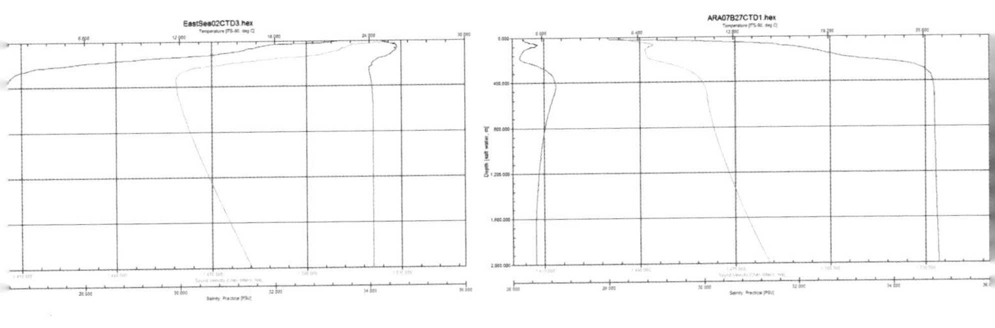

—— 음파속도 —— 수온 —— 염분도

그림 2-23

깊이별 음파속도. 왼쪽이 동해, 오른쪽이 북극해다.

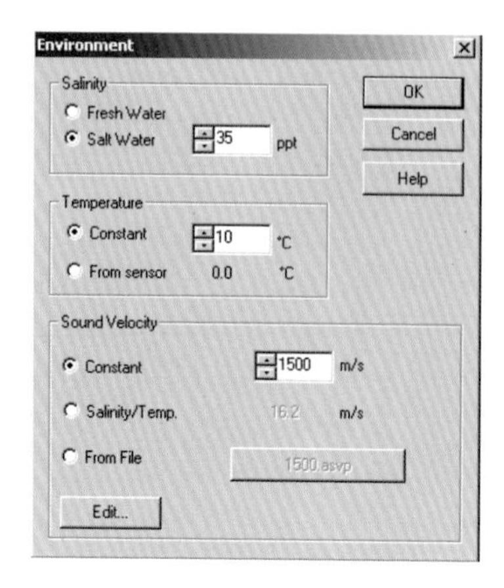

그림 2-24
음향장비 설정

하는 표층음속센서 외에도 배가 정지된 상태에서 음파속도 센서나 CTD를 통해 관측한 값도 이용된다.

다중빔음향측심기는 높은 정확도를 요구하기 때문에 깊이별 음파속도를 입력하지만 일반 음향장비는 음파속도 평균값을 입력하는 경우도 있다.

북극해를 항해하는 아라온은 파도에 따라 계속 흔들린다. 흔들리는 방향에 따라 보통 4가지roll, pitch, heave, yaw로 흔들림 정도를 표시한다. 배의 모션정보라고도 불리는 4가지 정보는 모든 음향장비 탐사에 중요한 역할을 한다. 관측된 모션정보는 모든 음향장비에 실시간으로 전

바다 위 아라온의 흔들림은 모션정보로 저장된다. 다중빔음향측심기에서 고품질의 데이터를 얻기 위해서는 배의 움직임과 흔들림을 정확하게 알고 있어야 한다.

달된다. 모션정보의 정확도가 높아야 고품질의 다중빔음향측심기 데이터를 얻을 수 있다. 배의 모션정보를 정확하게 측정하기 위해서는 배의 무게중심에 모션센서를 설치해야 한다. 모션센서가 설치된 장소가 모션이 가장 적은 지역이라 멀미를 많이 하는 사람들은 이 장소를 선호하기도 한다. 여기에 아라온에서 제일 높은 곳에 설치된 두 개의 GPS안테나를 통해 현재 아라온의 위치와 진행방향도 여러 음향장비로 데이터를 공유하게 된다. GPS안테나 경우 외부 가장 높은 곳에 설치를 하며 북극과 남극과 같이 혹한지역을 운항하면서 안테나 표면이 얼어버리거나 눈으로 덮이면 GPS위성으로부터 신호를 잘 받지 못한다. 만약 신호가 약해져서 자주 에러가 발생할 경우 안테나 상태를 직접 검사를 해야 되는 경우가 많다. 매년 상가수리 시 아라온 외부 도색을 하게 되는데 이때 GPS안테나를 비롯한 많은 안테나와 대기관측 센서가 설치된 마스터부분도 도색을 하는 경우가 있다. 예전에 상가 수리 후 장비점검을 위해 동해로 시험항해를 나갔을 때 데이터가 표시되지 않아 시스템 자체를 점검하였으나 문제를 찾지 못한 적이 있다. 며칠을 고민해도 이유를 알 수 없었다. 혹시나 하는 마음에 안테나를 살펴보게 되었는데 설마라고 생각했던 것이 현실로 나타난 것이다. 안테나 표면도 같이 페인트를 칠해버린 것이 아닌가? 정말 황당한 경우였다. 지금은 상가수리 시 외부에 설치된 많은 센서에 페인트를 칠하

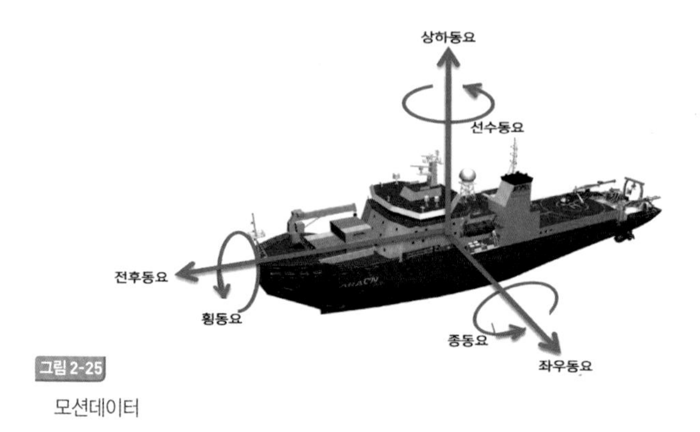

그림 2-25

모션데이터

지 말도록 표시를 한다. 조선소에서 근무하시는 페인트 도색하시는 분 입장에서 열심히 일을 한다고 한 것이 오히려 일을 망친 경우였다.

수심이 깊은 바다까지 도달할 수 있을 정도의 음파신호를 만들기 위해 고전압, 고전류를 사용한다. 장비가 동작중일 뿐만 아니라 고장수리를 할 경우 안전사고 예방을 위해 많은 주의가 요구된다. 장비에서 제공하는 BIST Built-In Self Test라는 자체진단 프로그램은 기본적인 장비상황을 자동으로 점검해 주는 역할을 하기 때문에 장비유지보수에 있어 유용하다. 다음 그림처럼 문제가 있다고 판단되는 부분은 빨간색으로 표시가 된다.

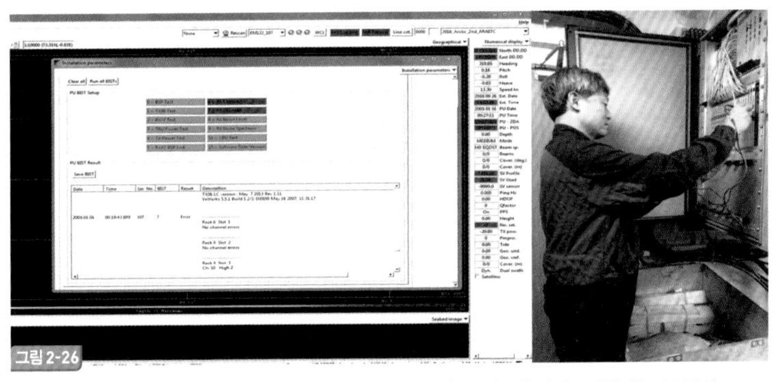

그림 2-26

장비상태 점검. (왼쪽)BIST 프로그램을 통한 1차 점검, (오른쪽)계측기기를 활용한 2차 점검

실제로 아라온이 건조된 후 여러 차례 데이터수신이 안 되는 문제가 있어 BIST를 통해 원인 파악이 된 경우가 많았다. 대부분이 송신 모듈부분에 과전류가 흘러 송신모듈 일부분이 손상된 경우였다. 송신모듈이 제대로 작동하지 않아 해저면 탐사를 포기해야하는 상황이 여러 번 있었다. 매년 탐사를 가지만 해당기간에 탐사를 못하면 1년을 기다려야만 한다. 그래서 탐사기간 동안 버틸 수 있도록 자체적으로 수리를 해 탐사를 마치긴 하지만 같은 부분에 자주 문제가 발생하니 장비담당자로서 답답할 수밖에 없다. 문제해결 관련하여 외국 제작사에 근본적인 원인대책을 수차례 요구하였으나 받아들여지지 않았다. 그렇다고 이런 대형장비를 제작사 대응태도가 맘에 들지 않는다고 장비를 다른 제품으로 바꿀 수 없는

것을 알기 때문에 그런지도 모르겠다. 심해용 음향장비는 특정 장비회사 제품을 선호하는 경향이 있다. 데이터의 신뢰도가 다른 회사 제품보다 높기 때문이다. 이런 이유인지 모르겠으나 수년간의 문제제기 끝에 최근에서야 제작사 프로그램수정을 통해 문제해결이 되었고 아직까진 동일문제는 발생하고 있지는 않다. 그나마 다행인 것 같다.

아라온은 북극과 남극처럼 추운 지역을 다니기 때문에 일반 다중빔음향측심기와는 구조가 조금 다르다. 영하의 바다와 수많은 얼음이 있는 상태에서도 사용가능해야하기 때문이다.

가장 대표적인 차이는 음파신호를 송수신하는 센서부를 보호하기 위해 특별한 보호막이 설치되어 있다. '아이스윈도우'라고 부른다. 아이스윈도우 재질로는 폴리에틸렌이나 티타늄을 주로 사용한다. 아라온에 장착된 다중빔음향측심기의 송신부엔 폴리에틸렌, 수신부에는 티타늄으로 된 아이스윈도우가 설치되어 있다.

일반 선박과 달리 아라온의 다중빔음향측심기는 신호를 쏘고 받는 부위에 '아이스윈도우'라는 특별한 보호막이 설치되어 있다.

다중빔음향측심기는 워낙 대형장비에 고전력을 쓰기 때문에 여기에 맞춰 아이스윈도우가 설계되어 수많은 쇄빙작업에도 문제가 발생한 적은 한 번도 없었다. 아라온에는 다양한 주파수를 사용하

그림 2-27
아이스윈도우 사진(왼쪽: 티타늄 윈도우, 오른쪽: 폴리카보네이트 윈도우)

는 음파 장비들이 많으며 이것 역시 송수신 센서에는 아이스윈도우가 장착되어 있다. 소형 센서의 아이스윈도우는 규모에 맞게 설계한 탓인지 상대적으로 얇은 윈도우를 사용한다. 아마도 음파가 아이스윈도우를 통과하여 송신되고 수신된 음파도 잘 통과하도록 하기 위해서라고 판단된다. 윈도우가 얇다보니 남극 북극에서 수많은 쇄빙을 하고 나면 간혹 아이스윈도우가 깨지는 경우가 종종 있다. 윈도우가 깨지면 깨진 면에서 음파 투과가 제대로 되지 않기 때문에 교체를 해야 한다.

처음 운항 후 선저검사를 위해 밑으로 들어갔다가 놀라서 쓰러질 뻔했다. 약간 징그러워 보이기도 하는 뭔가가 꿈틀거리고 있었다. 손가락으로 살짝 건드려보면 크기가 작아졌다가 조금 있으면 다시 커지고, 분명 살아있는 뭔가가 틀림없었다. 파울링fouling이라고 하는 유기물이다. 이런 해양식물이나 동물이 선체하부에 붙어

그림 2-28

소형 음파탐사 장비 아이스윈도우. 왼쪽이 정상, 오른쪽이 파손된 모습이다.

선박 아래에는 해양식물이나 동물이 붙어 자랄 수 있다. 저항이 증가하여 연료소비가 많아지고 센서의 원활한 작동을 방해하기도 한다. 그래서 선박 아래에는 이런 생물이 붙거나 자라지 못하도록 방오도료를 도포한다.

자라게 되면 배가 운항할 때 저항이 증가하여 연료소비가 많아진다. 무엇보다 중요한 이유는 선저에 장착된 센서들이 음파를 송신하고 수신할 때 장애가 되기 때문이다. 이미 붙어서 자라는 해양생물체가 있다면 고압의 물을 뿌려 제거한다. 날카로운 것으로 제거를 하면 윈도우 표면에 손상이 가서 송수신 음파신호 감쇠의 원인이 될 수 있다. 보통 선저 센서의 점검이 끝나면 마지막으로 방오도료 anti-fouling paint*를 칠하게 된다. 방오도료를 칠하게 되면 바닷물과 화학반응을 하여 해양생물들이 달라붙는 것을 방지해 주기 때문에

* 방오도료는 해양식물과 동물에 독이 되는 화학물질을 함유하고 있어, 화학물질이 조금씩 바닷물로 나오면 선체와 바닷물 접촉표면에 얇은 막을 형성하게 된다. 막 위에는 유기체의 작은 포자나 유충이 살 수 없어 어떠한 생물체도 부착하지 않게 된다. 여러 방오도료 중 자기마모형 방오도료(SPC, self polishing copolymer)를 사용한다.

그림 2-29
파울링

벗겨진 부분이 있으면 필히 새로 칠을 해줘야 한다.

보통 선박들의 경우 상가수리는 몇 년에 한 번씩 하지만 아라온은 매년 상가수리를 실시한다. 선저의 모든 센서를 점검하고 수리할 수 있는 기회는 바로 상가수리기간 딱 한번뿐이라 철저한 점검과 수리가 이루어져야 성공적인 연구탐사를 기대할 수 있다.

아라온을 건조할 당시에는 심해용으로 검증된 다중빔음향측심기는 한 가지 형태밖에 없었다. 하지만 지금은 기존의 단점을 보완하여 몇몇 회사에서 개량된 형태의 장비를 생산하고 있다. 설치형태에 따라 크게 3가지 형태로 분류할 수 있다. 예전엔 선택에 있어 고민할 필요가 없었지만 제2 쇄빙연구선이 건조된다면 어떤 방식이 가장 최적인지를 심사숙고하여 선택할 필요성이 있다. 선박의 바닥에 장착되는 대형장비인 만큼 한번 선택하여 설치되고 나면 변경이 힘들기 때문에 더더욱 신중을 기하여야 한다. 만약 장비가 고장이 난다면 송수신부는 물속에 잠겨있는 부분이라 상가수리 전까진 수리가 불가하다. 성능 면에서 우수하고 유지보수가 용이한 장비를 선정하는 것은 실제 장비운용 시 중요한 부분이다.

3가지 중 2가지는 센서를 설치한 구조물 바깥에 아이스윈도우를 설치하는 형태다. 나머지 한 가지는 센서 표면에 특수코팅을 한 형태다. 구조물바깥에 아이스윈도우를 설치한 경우는 윈도우내부에 해수가 지나가도록 개방되어 있거나 내부에 부동액을 채우는 경우다. 이 경우는 아이스윈도우로 인해 센서에 직접적으로 충격을 받는 것을 막아주기는 하나 구조물이 더 커지고 유지보수가 용이하지 못하다. 현재 아라온에 설치된 해수가 드나드는 구조는 매년 상가시마다 윈도우를 개방하여 내부표면을 검사해야 되기 때문에 유지보수에 많은 불편함이 있다. 부동액을 채운 구조는 방수만 잘 된다면 반영구적이라 상대적으로 유리하나 장비성능 면에서 어느 쪽이 더 나은 지는 좀 더 많은 연구가 필요하다. 아이스윈도우는 센서를 얼음으로부터 보호를 하지만 반대로 신호를 감쇄시키는 원인이 된다. 이를 보완하기 위해 최근에 개발된 제품의 경우 센서 표면에 얼음으로부터 센서를 보호할 수 있는 특수코팅을 한 세 번째 경우다. 장비제작사 데이터로만 보면 이 방식이 제일 개선되어 보이나 실제로 오랜 시간동안 쇄빙 후 센서가 안전할지는 좀 더 많은 시험이 필요할 것으로 보인다.

3가지 설치방식에 대해 아래와 같이 표로 정리를 해 보았다.

제작사	설치	특징
A사		센서 바깥에 보호용 아이스윈도우가 설치되며 내부는 해수로 채워진다.
B사		센서 바깥에 보호용 아이스윈도우가 설치되며 내부는 부동액으로 채워진다.
C사	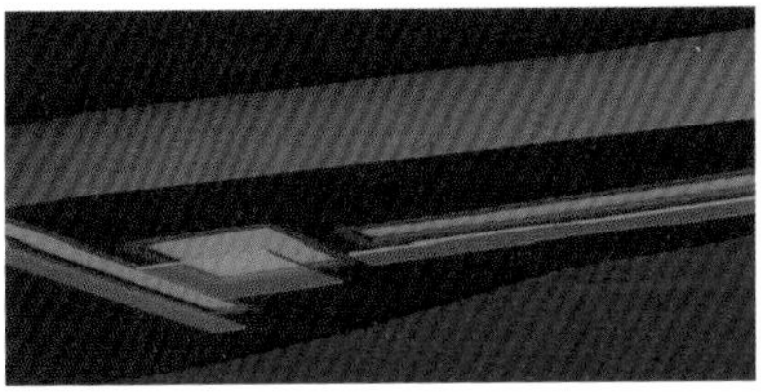	아이스윈도우가 없으며 센서 표면에 보호용 특수 코팅이 되어있다.

표 2-5 아이스윈도우 장착 3가지 방식 비교

어떤 방식을 사용하는지와 관계없이 적절한 주파수를 사용하게 되면 다양한 연구와 관측이 가능하다. 특히 북극 동시베리아 해에

그림 2-30

아라온 다중빔음향측심기 설치

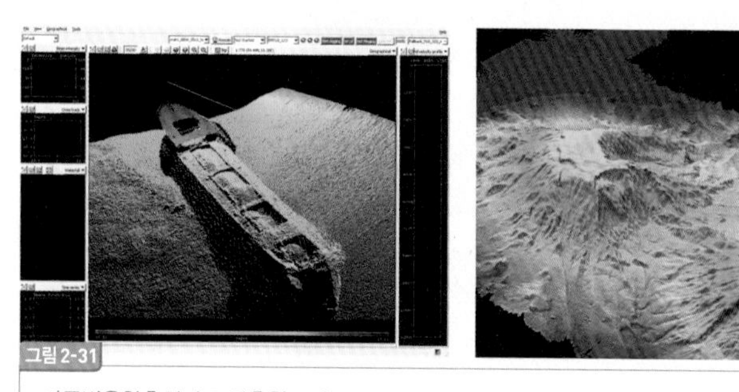

그림 2-31

다중빔음향측심기로 관측한 모습

서 제4기 빙하기(260만 년 전부터 1만 년 전까지의 빙하기)에 존재했던 빙상의 흔적을 해저지형 조사를 통해 세계 최초로 발견한 것은 다중빔음향측심기가 있었기에 가능한 성과였다. 다중빔음향측심기를 활용한 관측데이터는 IBCAO*로 보내게 된다. 이는 전 세계 해도작성에 중요한 자료가 된다. 과거 보물선과 타이타닉과 같은 선박이 침몰한 경우 근처를 탐사함으로써 침몰위치뿐만 아니라 선박의 형태를 볼 수 있어 침몰원인 규명이나 문화재 발굴 등에도 다중빔음향측심기가 활용하고 있다. 수심이 얕은 지역 탐사를 위해서는 높은 주파수의 음파가 사용되어야 해상도가 높아 식별이 쉽다. 타이타닉 경우 약 3,8000미터 수심이라 아라온에 설치된 12kHz 다중빔음향측심기가 더 적합하다고 볼 수 있다. 침몰위치는 다중빔음향측심기로 수신되는 GPS 좌표를 통해 정확한 위치파악이 가능하다.

3 북극 해저지층 탐사

온실가스로 주로 이산화탄소와 메탄가스를 얘기한다. 특히 메탄가스는 이산화탄소보다 20배 이상 온난화에 영향을 미친다고 한다. 이런 메탄가스의 20퍼센트 이상이 북극바다 아래 어딘가에 묻

* International Bathymetric Chart of the Arctic Ocean

혀있다고 한다. 북극바다 아래 얼음처럼 굳어 있는 메탄하이드레이트의 주성분이 메탄가스다. 메탄하이드레이트는 바닷속 미생물이 썩어 생긴 퇴적층에 낮은 온도와 높은 압력으로 물과 함께 메탄가스가 얼어붙은 일종의 고체연료라고 할 수 있다. 메탄하이드레이트는 불을 붙이면 활활 잘 타기 때문에 에너지원으로 관심을 많이 받고 있다. 우리나라 경우 독도 부근 해저에서 메탄가스층이 발견되어 뉴스에 보도된 적이 있다. 보통 기체가 고체로 되면 200배 정도로 압축이 된다고 한다. 발견된 매장량의 200배에 해당하는 메탄가스가 있다고 보면 될 것이다. 전 세계적으로 미국의 알래스카, 러시아의 시베리아와 극지방 등 추운 지역의 깊은 바닷속에서 주로 발견된다. 메탄가스는 연소 시 석탄이나 석유 대비 이산화탄소 발생량이 절반밖에 되지 않기 때문에 미래의 에너지원으로 주목받고 있다. 하지만 이런 메탄하이드레이트가 온도상승으로 녹아 메탄이 대기 중으로 방출되면 온난화를 가속화할 수 있기 때문에 이런 메탄하이드레이트가 어디에 어느 정도 매장되어있고 온난화로 인한 수온상승으로 어느 지역에서 어느 정도 메탄이 분출되고 있는지 아는 것은 중요한 부분이라 할 수 있다. 동시베리아 해에서 수행한 연구항차에서 다른 지역보다 메탄가스 농도가 높다는 것이 확인되었고 여기서 코어샘

메탄하이드레이트는 유기물 퇴적층이 낮은 온도와 높은 압력에서 물과 함께 메탄가스가 얼어붙은 것이다. 불을 붙이면 잘 타기 때문에 미래의 에너지원으로 관심을 받고 있다.

그림 2-32

동시베리아 해역에서 채취한 가스하이드레이트

플 채취하여 가스하이드레이트를 발견할 수 있었다.

땅속깊이 숨어있는 메탄을 알기위해서는 다양한 연구방법이 시도되고 있다. 아라온에는 이러한 연구를 위해 많은 장비를 보유하고 있다. 천부지층탐사기sub-bottom profiler와 다중채널탄성파시스템multichannel seismic system, 그리고 롱코어Long core system를 비롯한 각종 코어장비가 여기에 해당한다. 천부지층탐사기와 다중채널탄성파 시스템 모두는 저주파의 아주 낮은 음파신호를 사용하여 반사되어오는 음파신호로 해저면 아래가 어떻게 생겼는지를 파악하게 된다. 그 후 각종 코어로 직접 지층샘플을 채취 및 분석을 통해 지층형성물질과 동시에 아주 오래전 기후도 알 수 있다.

해저지층탐사를 위해 사용되는 음파장비 중 대표적인 것이 천부지층탐사기와 다중채널탄성파시스템이다. 천부지층탐사기는 선저에 장착되어있는 센서이기 때문에 다른 해저지층탐사장비보다 편리하다. 하지만 음파가 지층 속으로 투과할 수 있는 범위가 작기 때문에 보다 더 깊은 땅속을 보려면 보다 큰 에너지의 더 낮은 주파수의 음파신호를 사용하는 다중채널 탄성파시스템을 사용하여야 한다.

서로 다른 매질 사이로 음파가 입사할 때 두 매질의 경계면에서는 스넬의 법칙Snell's law*에 따라 반사와 굴절이 일어난다. 반사와 굴절되는 강도는 입사각과 매질의 임피던스에 따라 차이가 있다. 쉬운 해석을 위해 음파가 해저면으로 수직입사하고 매질자체가 흡수하는 정도가 미비하다고 가정하면 아래와 같이 대표적인 매질별 특성임피던스를 정리할 수 있다. 반사도는 매질의 특성임피던스가 클수록 더 커지기 때문에 아래 표에 보는 바와 같이 매질이 단단한 물질일수록 더 반사도가 크다는 것을 알 수 있다.

재료	특성 임피던스(Pa· s/m^3)
공기	415
해수	1.54 x 10^6
점토	5.3 x 10^6
모래	5.5 x 10^6
사암	7.7 x10^6
화강암	16 x 10^6
철	47 x 10^6

표 2-6 매질 종류에 따른 특성임피던스

해저지층 샘플을 채취하는 여러 종류의 코어 장비를 사용하기 위해서는 해저 퇴적층분석은 필수적이다. 코어 장비는 해저바닥을

* 파동이 하나의 매질에서 다른 종류의 매질로 진행시, 입사각의 사인 값과 굴적각의 사인 값의 비가 항상 일정하다는 법칙이다. 네덜란드의 빌레브로르트 스넬리우스가 1615년 발견했으며, 빛뿐만 아니라 파동에 대해서도 성립하는 법칙이다

찍어 올리는 방식이라 해저바닥상층부가 암석과 같은 단단한 지역에 샘플채취를 시도하면 장비가 파손될 수 있다. 신속한 코어장비 운용을 위해 천부지층 탐사데이터는 아주 유용하다. 사용되는 음파 주파수는 2.5~7kHz로 선저에 장착된 장비중 가장 낮은 저주파수를 사용하기 때문에 해저지층을 뚫고 더 아래로 투과와 반사가 가능하여 코어사용가능 깊이까진 충분히 분석이 가능하다. 정확한 수심정보는 정확한 데이터표출을 위해 중요한 부분이다. 일반적으로 천부지층탐사기는 다중빔음향측심기와 같이 사용된다. 여러 음향장비 중 다중빔음향측심기가 관측한 수심 정보가 정확도가 가장 높기 때문에 천부지층탐사기는 다중빔음향측심기로부터 수심 자료를 받아 데이터를 분석 표출한다. 지층을 구분할 수 있는 것은

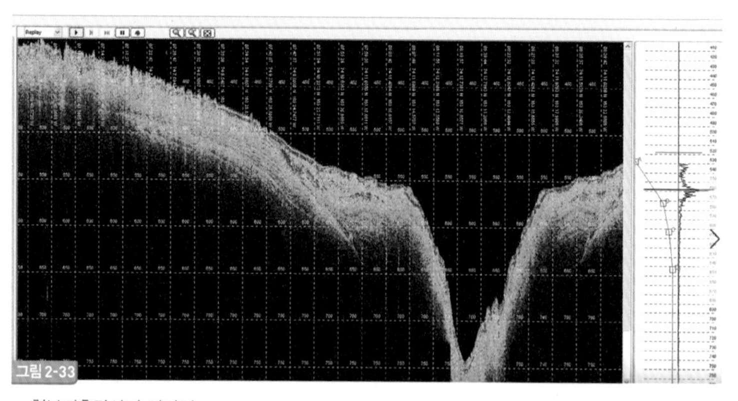

그림 2-33

천부지층탐사기 이미지

지층별 반사도가 다르기 때문에 가능하다. 다중빔음향측심기를 사용하여 해저면의 상태를 파악하고 천부지층탐사기를 통해 해저지층단면의 구조를 파악하여 코어사용지점을 선정한다.

만약 땅속 더 깊은 곳까지 보고 싶다면 어떻게 해야 할까? 더 낮은 주파수의 더 강한 파워를 가진 신호를 사용하면 된다. 다중채널탄성파시스템은 고압공기를 채운 에어건을 주기적으로 발파하면서 더 낮은 주파수의 훨씬 강한 에너지를 가지는 음파신호를 만들기 때문에 더 깊은 곳까지 볼 수가 있다. 큰 신호만큼 반사되어오는 신호를 수신하는 스트리머streamer 케이블을 1킬로미터 이상 배 뒤로 풀어서 반사된 신호들을 수신하게 된다. 스트리머 케이블 안에는 신호수신기인 하이드로폰hydrophone이 내장되어있다. 스트리머를 통해 수신한 신호는 아날로그신호다. 여기엔 잡음까지 포함되어 있어 증폭과 잡음을 제거하는 필터링을 거쳐 디지털로 변환된 신호를 이미지화하여 보게 된다. 하지만 유빙이 있는 해역에서 탐사할 경우에는 수시로 등장하는 유빙에 손상을 입을 수 있다. 예전에 1.5킬로미터의 스트리머 케이블을 선미로 풀어 데이터를 관측하던 중 망원경으로나 보일 정도의 작은 유빙이 있어 미리 선수를 틀어 피하려고 했으나 케이블 마지막 부분이 유빙과 충돌하여 케이블 끝부분을 잡고 있던 테일부이tail buoy가 손실되고 케이블 마지막 일부분이 손상된 적이 있었다. 이런 경우에는 상대적으로

지층 아래로 투과되는 심도는 낮지만 활용성이 높은 스파커장비를 쓰기도 한다. 스파커는 고압의 전기로 신호를 만드는데 상대적으로 크기도 작고 사용이 편리해 유빙지역의 얕은 바다에서 더 효율적이다. 고압공기로 생성된 신호보다는 신호가 상대적으로 약한 편이며 바다의 전도도를 이용해 전기의 양극과 음극이 바닷물 속에서 단락되면서 신호를 만들게 된다. 고압공기를 이용하는 경우나 고압의 전기를 이용하는 경우나 모두 안전사고의 위험을 피하기 위해 주의해서 다루어야 하는 장비들이다. 이번 북극항차 때도 다중채널 탄성파시스템과 스파커 두 가지 모두 사용하였다.

다중채널 탄성파탐사는 원리 면에서 볼 때 음향측심과 같으나 음향측심보다 더 낮은 주파수를 사용한다. 석유. 천연가스 탐사 등 지질구조를 탐사하는 기술로 많이 알려져 있다. 발파와 수신이 해수 중에서 이루어지며 일정한 파형의 음파를 발생할 수 있다. 단일채널탄성파탐사와는 달리 다중채널탄성파탐사는 여러 개의 채널을 통해 신호를 수신하기 때문에 신호 대 잡음비가 높을 뿐만 아니라 미약한 신호도 수신이 가능하다. 탐사를 위해 탐사선을 이용하며 배가 이동하면서 일정한 간격으로 음파를 발생시키고 발파마다 반사파를 수신함으로써 해저면 하부 지질구조를 2차원 단면으로 나타낼 수 있다.

아라온 장착 시스템은 3차원 분석은 힘들지만 석유나 천연가스

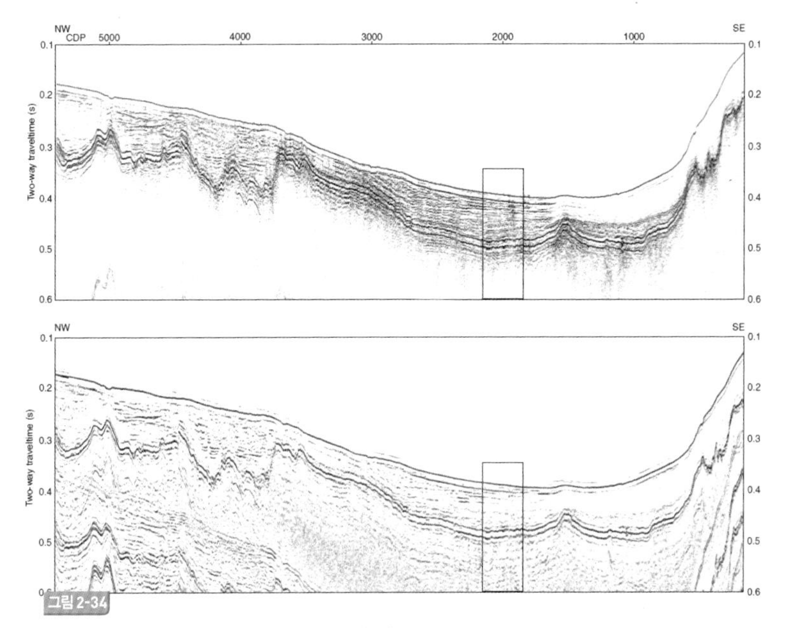

그림 2-34

단일채널 탐사자료(위) 다중채널 탐사자료(아래) 비교

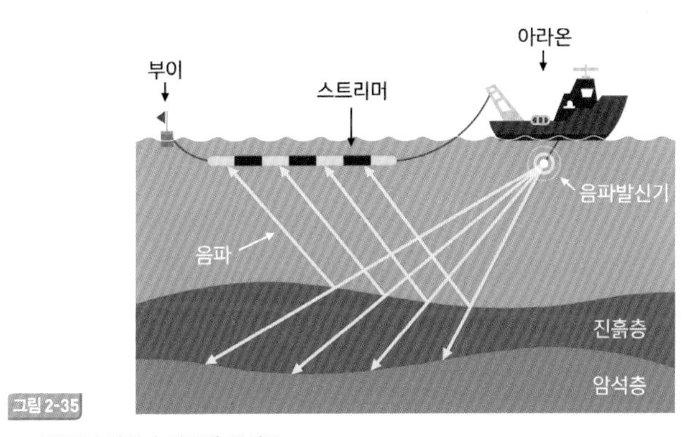

그림 2-35

다중채널 탄성파 시스템 구성도

그림 2-36

각종 코어 그림(3개씩 2열)(왼쪽 위부터 시계방향으로 rock corer, dredge, box corer, gravity corer, multiple corer, long corer)

와 같은 자원을 탐사하는 선박에 장착된 시스템으로는 3차원 분석도 가능하다.

해양 퇴적물 시료 채취를 위해 Box Corer, Multiple Corer, Gravity Corer, Rock Corer, Dredge, Piston Corer 등 다양한 장비들이 운영되고 있다.

코어를 자유낙하시켜 해저의 땅속에 박은 후 코어 내부로 들어온 샘플을 끌어올린다.

롱코어러Long Corer는 최소 24m부터 최대 39미터까지 해저지층샘플을 획득할 수 있는 장비로 현재 우리나라에서는 최고의 길이를 자랑한다. 롱코어를 자유낙하시켜 땅속에 박은 후 코어 내부로 들어온 샘플을 끌어올리는 장비다. 피스톤방식을 사용하는 길이가

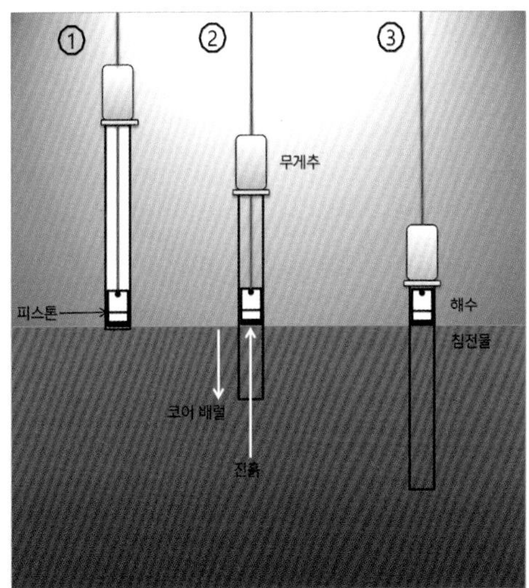

그림 2-37
피스톤코어의 작동 원리

긴 코어라 점보피스톤코어러Giant Piston Corer 또는 롱코어러라고 부른다. 배럴이라 부르는 대형 원통 내부에 대형 피스톤이 있어 땅에 박힌 후 올릴 때 피스톤을 잡아올려 압력 차이로 지층샘플이 배럴 내부로 들어온다.

보통 북극 해저면은 우리나라 동해와는 달리 딱딱한 재질이라 실제로 39미터까지 들어가기는 쉽지 않다. 잘못하면 코어배럴이 휠 수 있기 때문에 사용 시에 더욱 주의가 요구된다. 어느 정도 박힐 수 있을지는 코어를 내리기 전 천부지층탐사기와 같은 음파장비를 통해 퇴적층을 분석 후 정확한 위치와 필요한 길이의 배럴을 조립하여 사용하게 된다. 보통 천부지층탐사기로 관측한 퇴적층 두께가 사용할 코어배럴의 길이보다 최소 1.5배 이상인 곳을 주로 선택한다. 롱코어러는 한번 운용하는데 많은 인원과 시간이 소요되는 대형장비 중 하나다. 따라서 Box Corer와 Gravity Corer같은 시간이 오래 걸리지 않는 소형코어러를 이용하여 먼저 퇴적층의 상부층 퇴적물 채집을 통해 코어 지점으로 적합한지 확인 후 롱코어러를 운영하게 된다.

코어배럴은 일반 강철보다 강한 냉간압연강철cold-drawn high-strength steel로 특수 제작되었지만 늘 해수에 노출되기 때문에 쉽게 녹이 생길 수 있어 배럴 내외부에 특수코팅을 하게 된다. 코팅의 목적은 녹 방지도 있지만 코어가 잘 박히고 잘 빠지도록 하기 위함이다. 이를 위해 1차로 세라믹/알루미늄 코팅을 하고 2차로 테플론 코팅을 하여 제작되었다. 테플론 코팅은 다른 코팅에 비해 비용이 많이 들지만 실제 여러 가지 형태와 사용하면서 비교해보면 그 효과를 알 수 있다.

준비가 되면 배럴 위에 장착된 헤드를 회전시켜 선미로 이동 후 음향모듈이 있는 Acoustic Release Unit을 장착한다. 퇴적층까지 수심을 확인 후 윈치를 조정하여 바닥으로부터 3미터 정도 떨어진 지점까지 내린다. 바닥으로부터 3미터 정도 떨어진 지점에서 자유낙하 시 가장 샘플링이 잘 되도록 설계되어 있기 때문이다. 만약 3미터보다 높은 곳에서 떨어뜨리면 너무 깊이 박히면서 로프가 끊어질 수 있다. 이를 위해 조립된 코어 길이보다 3미터 정도 더 길게 플라스마로프가 제작되어 코어 길이에 맞는 로프를 사용해야 한다.

다른 변수로 바닥이 너무 소프트한 경우에 3미터 높이에서 낙하를 해도 너무 빠르게 깊이 박혀 내부의 피스톤과 헤드가 강하게 부딪치면서 로프가 손상되어 끊어질 수 있다. 실제로 예전에 북극연구를 위한 사전 시험을 동해에서 실시했을 때 이런 경우로 로프가 손상된 적이 있었다.

코어가 바닥 근처까지 내려갔는지 알기 위해 두 가지 방식이 사용된다. 추가 땅에 닿으면 피스톤코어를 자유낙하하는 기계식과 음향신호를 이용해 지점을 파악하는 음향신호 방식이다. 아라온에 장착된 시스템은 음향신호 방식으로 Pinger*를 통해 코어 위치를 알 수 있다. 최근에는 음향신호 방식을 선호하는 추세다.

정해진 지점까지 도달하면 코어가 흔들리지 않을 때까지 기다리

* 해저 바닥 위 어느정도 높이에 코어러와 준설기 같은 해양장비가 위치하는지를 보여주는 음향장비

다가 음향신호를 통해 자유낙하시킨다. 자유낙하 후 제대로 박혔는지는 윈치에 표시되는 장력값으로 알 수 있다. 땅에 박히기 전에는 배럴과 헤드의 엄청난 무게를 윈치의 힘으로 버티고 있다. 윈치의 스크린에는 대략 7~8톤 정도의 값이 표시되지만 자유낙하하는 순간부터 장력값은 '0'으로 떨어졌다가 코어가 땅에 박혀 내려가면서 윈치에 다시 무게감을 느끼기 때문에 장력값이 서서히 올라가게 된다. 만약 윈치에 표시된 장력값이 올라가지 않고 '0'이거나 아주 작은 장력값을 표시한다면 이는 코어에 연결된 로프가 끊어진 것으로 볼 수 있다. 이런 경우는 해저 바닥에 박힌 장비를 회수할 수 있는 방법이 없다.

일정 시간이 지나면 윈치로 다시 코어를 올리게 되는데 내부 퇴적물 무게까지 더해진 상태에서 박힌 코어를 뽑아 올릴 때 엄청난 힘이 필요하다. 만약 윈치가 충분한 힘을 발휘하지 못하면 롱코어는 땅에 박힌 채 끌어올릴 수가 없기 때문에 이 경우에는 윈치와 연결을 케이블을 잘라야 하는 상황이 발생할 수 있다. 따라서 윈치를 제작 의뢰할 때 어떤 장비를 사용할 것이냐에 따라 거기에 맞게 설계 및 제작을 하여야 하는 것은 상당히 중요하다.

나중에 코어를 완전히 위로 올렸을 때 내부에 박힌 퇴적물은 빠지지 않고 잘 보존되어 올라오는데 이는 코어캐쳐core catcher라는 것을 이용하기 때문이다. 그림 2-39의 생김새에서 알 수 있듯이

그림 2-38

최대길이(39m)로 조립된 롱코어

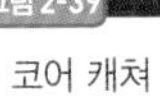

그림 2-39

코어 캐쳐

밖에서 안으로는 들어갈 수 있지만 안에서 바깥으로는 나오지 못하는 구조로 되어 있다. 무엇보다 롱코어 운용 시 필수적으로 점검해야 할 부분이 몇 가지 있다. 자유낙하 시킬 때 로프가 충분히 견딜 수 있어야 하므로 로프 상태를 반드시 점검해야 한다. 또한 물속에 들어간 후 코어에 걸려있던 고리를 음향신호로 풀어야 자유낙하가 되기 때문에 음향장비 송수신상태도 입수 전 점검해야 한다.

실제로 획득한 코어샘플의 경우 총 39미터의 긴 코어를 한 번에

그림 2-40

롱코어 샘플

처리하기 힘들다. 코어분석을 위해서는 일정한 간격으로 자르고 해저면으로부터 몇 미터 위치의 샘플인지를 표시한다. 코어 내부를 절개하여 광학, 엑스선, 감마선, 음파 등을 이용한 비파괴장비로 획득한 퇴적물 시료를 손상 없이 1차로 분석한다. 아라온에는 ITRAX 코어스캐너Core Scanner 장비가 설치되어 있어 코어 획득 후 바로 분석이 가능하다.

4 북극연구 종합상황실

북극 연구항차 동안 곳곳에서 동시다발적으로 이루어지는 연구들을 한 곳에서 다 볼 수 있다면 얼마나 유용할까? 지금 배가 어디로 가고 있고 다음 연구지점까진 얼마나 시간이 남았을까? 현재 이 지역의 해수관측결과는 어떨까? 바깥의 대기관측결과는 어떨까? 바닷속으로 내려간 장비는 어디쯤 있을까? 현재 이 지역의 수심은 얼마나 될까? 파도가 제법 있는데 배가 어느 정도 흔들리는지? 지금 어떤 연구가 이뤄지고 있는지? 이러한 다양한 궁금증들은 아라온에 구축된 연구종합 관리시스템으로 해결된다.

아라온의 현재 위치를 알려주는 GPS데이터를 비롯하여 풍향, 풍속, 선박의 속도, 선박의 진행방향, 현재 시각과 같은 기본적인 데이터뿐만 아니라 다중빔음향측심기를 통한

아라온에는 현재 위치는 물론 풍향, 풍속과 같은 선박의 기본 데이터와 기상자료, 측정센서에서 얻은 자료가 모이는 연구 종합 관리시스템이 있다.

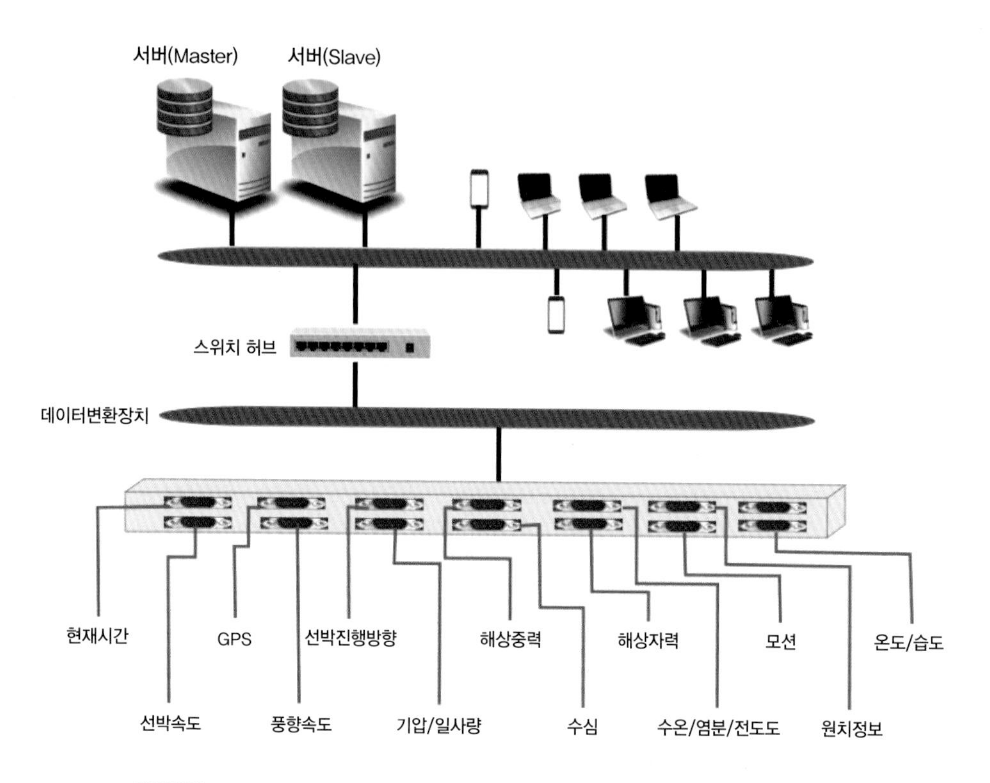

그림 2-41

북극연구 종합상황실 프로그램 구성

수심을 비롯한 형광도, 수온, 염분, 전도도, 선박자세, 해상중력 값, 자력 값, 온도, 습도, 기압, 일사량 등의 기상자료까지 측정센서에서 실시간으로 아라온 서버시스템으로 데이터가 전송된다. 여기에 추가적으로 연구용 윈치의 동작상황 값도 패킷타입으로 변환하여 서버로 전송이 된다. 아직도 많은 해양관측장비는 RS-232C와 같은 직렬통신 방식을 많이 사용한다. 모든 데이터를 서버로 전송되기 전에 패킷 타입으로 변환하여 서버로 보내게 된다. 서버에서는 이 모든 데이터를 가공하여 저장하고 아라온 네트워크에 연결된 모든 기기로 데이터를 보내게 된다. 아라온 네트워크에 연결된 어떤 기기라도 해당 프로그램을 설치하면 이 모든 데이터를 실시간으로 볼 수가 있는 것이다.

아라온 건조 시에는 컴퓨터에 해당 프로그램을 직접 설치해야 각종 데이터를 볼 수 있는 방식이었다. 서버와 클라이언트 각각에 프로그램이 깔려 있어야 동작되는 방식으로 'DaDis Data Distribution System'란 이름으로 사용되어 왔다. 컴퓨터 하드웨어와 소프트웨어의 기술이 나날이 발전하면서 과거 시스템은 지금까지 사용하는데 한계점들이 보이기 시작했다. 컴퓨터 운영체제에 따라 그리고 버전이 얼마인지에 따라 프로그램이 잘 동작하지 않기도 했고 무엇보다 제공되는 전자지도에 남극과 북극 지도가 없어 아라온이 극지방에서 연구를 수행할 때는 바탕화면이 온통 검은색으로 나와 어디에 있는지 쉽게 알 수가 없었다. 이런 불편한 점을 해결해 보고자 작년부터 웹 접속방식으로 새로운 버전을 구축하였다. 공식 이름은 '웹기반 연구자료 및 장비 관리시스템'이다. 이름이 길어 간단히 '웹다디스'라 부른다. 기존 DaDis프로그램의 많은 부분을 웹으로 변경하였기 때문에 그렇게 부르는 것도 어색하진 않은 것 같다. 새로운 방식은 웹 접속방식이라 아라온 내에서 누구라도 프로그램 설치 없이 특정 IP주소로 접속하면 이 모든 것을 다 모니터링 할 수 있다. 운영체제와 무관하게 사용할 수 있어 컴퓨터 외에 태블릿이나 핸드폰으로도 접속하여 사용할 수 있다. 즉, 아라온에 승선만 하고 있다면 유선연결이나 무선연결 관계없이 어디서나 상황을 모니터링 할 수 있다. 접속을 하면 볼 수 있는 화면이 바로 북극 연구 종합상황실로 변신하는 것이다. CTD장비가 동작하고 있다면 GPS좌표를 통해 현재 어느 지점에서 해수면으로부터 몇 미터 아래에 장비가 있는지와 측정되는 값들을 볼 수가 있다. 다중빔음향측심기가 작동하고 있으면 실시간으로 정확한 수심정보를 알 수 있으며 바깥 온도와 습도, 풍향과 풍속 등 기본적인 기상정보도 실시간으로 볼 수 있기 때문에 연구에 아주 유용한 시스템이라고 할 수 있다. 해마다 비슷한 지역에서 비교 연구를 하는 경우도 많기 때문에 과거 아라온이 어디 어디를 다녀왔고 그때 관측한 값들은 어떠했는지도 다시 볼 수 있어 현재와 과거 데이터를 비교할 수 있는 것도 좋은 기능이 아닐까 생각된다.

웹다디스에는 아라온만을 위한 특화된 기능들이 있다. 먼저 해빙영상자료의 오버레이가 가능하다는 것이다. 아라온은 북극과 남극과 같은 얼음이 많은 지역을 운항하기 때문에 이동할 때 얼음분포 상황은 아주 중요한 정보다. 권리자 권한이나 수석연구원 권한을 가지고 있으면 해빙영상을 웹다디스 서버에 반영할 수가 있다. 반영된 영상은 승선한 모든 연구원이 실시간으로 볼 수 있어 근처 해빙 상황을 쉽게 알 수 있다. 아라온이 지나간 모든 지역의 해수온도와 수심, 염분도, 전도도를 이동항로에 바로 그래픽화해서 보여주기 때문에 북극 바다의 기본특성을 쉽게 파악할 수 있다.

대단하지는 않지만 몇 가지 유용한 기능도 제공한다. 24시간 쉬지 않고 연구를 하는 경우 배가 다음 연구지점으로 이동하는 동안 잠시 쉴 수 있다. 선실에서 쉬면서 다음 연구지점 도착까지 어느 정도 시간이 남았는지를 알 수 있어 그때까지 쉴 수 있도록 해주는 것도 유용한 기능이 아닐까 생각된다.

현재 연구하고 있는 모든 상황은 실시간으로 연구소로 보내어져서 북극연구항차를 위해 아라온에 승선하지 않고서도 똑같은 화면을 연구소에서도 볼 수 있게 설계를 하였다. 하지만 위성통신시스템으로 자료를 전송해야 하는데 현실적으로는 쉽지가 않다. 전송속도 확보를 위해 모든 인터넷을 중단시켜야만 하기 때문이다. 게

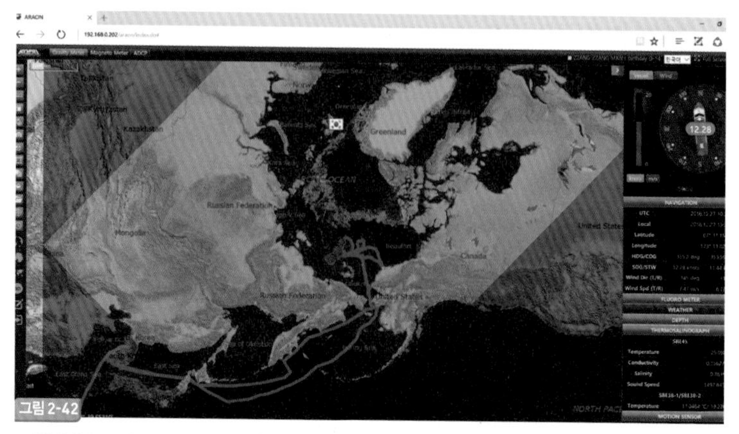

그림 2-42

웹기반 북극연구 종합상황실 화면

다가 북극과 남극과 같이 극지에서는 위성신호가 약하여 속도가 더 떨어져 실시간 전송에 어려움이 많다. 추후 인터넷 속도가 개선될 경우를 고려하여 시스템 개발 시 미리 반영한 기능이라 아쉽지만 현재로선 실시간 연동은 힘들다.

요즘 프로그램 코딩 조기교육의 열풍이 불고 있다. 미국의 오바마 전 대통령이 "모든 미국의 학생들은 코딩을 배워야 한다"고 말한 것처럼 프로그램 코딩의 중요성이 커지고 있다. 연구에 중요한 역할을 하는 북극연구 종합상황실 화면과 기능을 이용할 수 있는 것이 바로 프로그램코딩의 힘이다. 코딩으로 개발된 프로그램은 사람의 뇌와 같은 역할을 한다. 우리 주변의 거의 모든 전자기기엔 코딩의 결과물이 다 들어가 있다. "버튼을 누르면 특정 기능을 수행하라", "외부입력으로부터 데이터가 들어오면 분석하여 결과를 화면에 표시하라"와 같은 명령을 프로그램 언어라고 하는 수단을 활용하여 코딩으로 구현하게 된다.

프로그래밍을 할 수 있게 해주는 컴퓨터 언어는 종류가 다양하다. 지금은 특정 분야에만 사용되는 포트란과 코볼을 비롯하여 프로그래밍 언어의 대표 격인 C 언어, 그리고 C++, C#, 자바, 파이선, HTML 등 수많은 컴퓨터 언어들이 있다. 프로그래밍 언어는 사람과 컴퓨터 간의 대화를 가능케 한다. 과거 프로그래머로 밤새워 일하던 시절이 생각난다. 아침 일찍 출근하고 밤늦게 퇴근을 반복하다 보니 늘 피곤 속에 살았던 것 같다. IT 강국이라고 하는 것이 이런 개발자들의 삶이 있었기 때문이 아닌가 생각된다.

프로그램 개발자는 하드웨어 개발자보다 인기가 없었다. 휴대폰을 예로 들면 프로그램을 열심히 개발해도 사람들의 관심은 다들 화면크기가 얼마고 카메라 해상도는 어떻게 되고 배터리 용량은 얼마이며 휴대폰 두께와 무게는 어느 정도인지에 관심이 있지, 프로그램으로 만들어지는 세부기능에는 상대적으로 관심이 적었다. 즉 제품가격을 결정하는데 하드웨어가 큰 비중을 차지하였다.

최근에 와서야 프로그램 코딩 조기교육 등 관심이 높아지는 것은 좋은 현상이 아닌가 생각된다. 프로그램개발이라는 것이 경험하지 않은 사람은 이해하기 쉽지 않을 수도 있겠지만, 프로그램 겉모양은 근사해 보여도 제대로 기능을 하지 못하는 경우가 많다. 바로 프로그램 '버그'라고 하는 오류 때문이다. 이러한 오류는 프로그램 개발자들의 많은 시행착오와 시간을 투자해야 해결이 되고 비로소 모든 기능이 잘 동작하는 프로그램으로 탄생할 수가 있다. 만약 최신컴퓨터를 구매했다고 가정해 보자. 고해상도 디스플레이에 성능 좋은 CPU, 대용량 메모리 등 높은 하드웨어 성능을 가진 컴퓨터는 당장은 기분이 좋을지 모른다. 그러나 전원을 켜는 순간 운영체제에 문제가 있어 이유 없이 재부팅을 해야 한다면 과연 이 컴퓨터를 계속 사용할 사람이 몇 명이나 되겠는가?

웹기반 종합상황실 프로그램도 처음엔 많은 오류를 가지고 있어 지금의 화면이 나오기까지 많은 시간이 걸렸다. 프로그램 오류들을 발견하기 위해서는 다양한 프로그램 기능 시험을 해야 하는데 프로그램 초기 버전의 경우 많은 연구원과 같이 다양한 시험을 통해 오류들을 발견하였다. 시험에 관심이 적은 연구원들에겐 계속 독촉을 했던 기억이 난다. 빠른 시일 내에 프로그램 완성도를 높이기 위해 어쩔 수 없는 조치였다. 배가 흔들리고 멀미를 하기도 하고 밤새 연구하고 밤잠을 설쳐도 틈틈이 프로그램 오류를 잡았기 때문에 지금의 프로그램이 존재하는 것이 아닌가 생각된다.

5 북극 하늘의 변화

여름이 지나 밤이 시작되는 시기 중 맑은 날씨의 밤하늘엔 환상적인 오로라가 펼쳐진다. 다른 연구원들은 해당 연구항차가 끝나면 하선하여 한국으로 복귀하지만 장비책임자는 모든 연구항차가 끝날 때까지 아라온과 함께해야 한다. 거의 매년 북극 연구항차에 승선하면서 여러 차례 아라온 선상에서 오로라를 볼 수 있었다.

북극탐사에 처음 승선하는 사람들은 북극곰과 오로라를 꼭 보고 싶다고 이구동성으로 말한다. 오로라는 자연이 만들어낸 가장 아름다운 빛 중 하나라고 한다. 지구와 태양은 거대한 자석과 같다. 태양에서 뿜어져 나온 전기를 머금은 물질(플라스마*)이 지구 자기장에 끌려오고, 높은 하늘에서 공기분자와 부딪히면서 빛을 내는 것이 오로라다. 하지만 이런 아름다운 북극 하늘도 온실가스로 앞으로 어떻게 변화할지 모른다.

> 아라온에는 공동감쇠분광기, 블랙카본관측기 등 극지방의 대기를 관측할 수 있는 다양한 장비가 설치되어 있다.

아라온에는 북극의 대기를 관측하기 위한 특별한 장비가 설치되어 있다. 여러 연구장비 중 최근 들어 가장 빠른 온도 상승을 보이는 북극연구를 위해 공동감쇠분광기cavity ring

* 우리가 알고 있는 물질의 3가지 상태인 고체, 액체, 기체가 아닌 네 번째 상태를 플라스마라고 부른다. 기체 상태에서 열을 더 가하면 원자들 간의 충돌로 원자핵에서 전자가 분리되는 이온화 상태가 된다. 자연에서 이런 플라스마 현상을 볼 수 있는 것이 번개와 오로라다.

그림 2-43

아라온에서 관측한 오로라

down spectrometer, CRDS와 블랙카본관측기aethelometer가 설치되어 있다. 지구온난화와 관련된 이산화탄소와 메탄, 그리고 블랙카본을 관측하는 장비들이다.

공동감쇠분광기는 배가 운항할 때 선수로부터 오염되지 않은 북극 하늘의 공기를 빨아들여 그 속에 포함된 이산화탄소와 메탄의 양을 측정하는 것이다.

단일레이저다이오드를 이용하여 공동cavity안에 레이저를 쏘고 이 빛을 두 개의 거울에 반사되면서 빛이 소멸되는 시간을 측정하게 된다. 만약 흡입한 공기에 이산화탄소나 메탄이 존재한다면 공동에 들어갔을 때 이들이 레이저 빛을 흡수하기 때문에 거울에 반

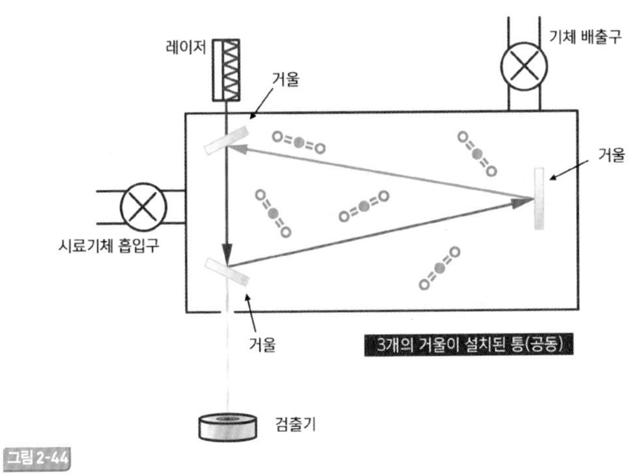

그림 2-44

CRDS의 구조

사되어 빛이 소멸하는 시간이 빠르게 된다.

흡입한 공기 중에는 습기를 함유하고 있어 이는 정확한 분석을 위해 제거되어야 하기 때문에 공동감쇠분광기 입구에 제습기가 설치되어 있다.

북극연구항차 동안 연속관측을 해야 하기 때문에 CRDS는 쉬지 않고 돌아간다. 외부 공기를 흡입하고 관측 후 내보내는 역할을 하는 모터가 한 번씩 고장 나곤 한다. 장비운용에 대한 경험치가 쌓이면 장비별 주로 어떤 부분에서 문제발생이 많은지를 예측할 수

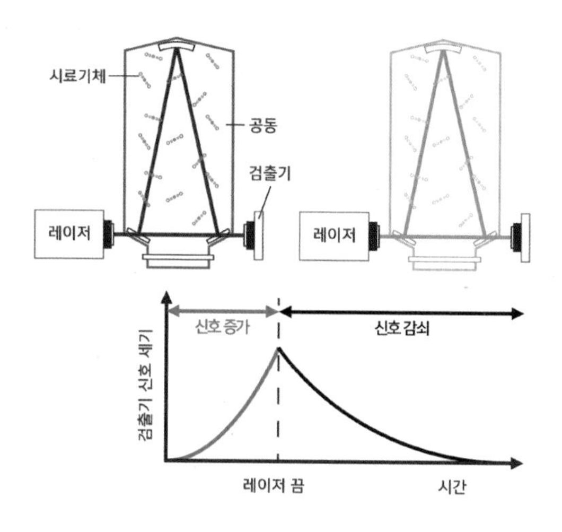

그림 2-45

CRDS원리

있다. 대부분의 장비는 연속관측장비라 빠른 유지보수를 위해 예비부품을 필수적으로 확보해 놓아야 한다.

블랙카본black carbon은 지구온난화를 유발하는 물질이자 초미세먼지의 주요성분으로 알려져 있다. 석탄이나 석유와 같은 탄소가 함유된 연료가 불완전 연소될 때 나오는 검은색 그을음을 말한다. 블랙카본은 햇빛을 흡수하는 성질이 있으며 구름 형성을 통해 기후변화에 영향을 주는 것으로 알려져 있다. 블랙카본 관측기는 대기 중 블랙카본의 농도를 연속관측하는 장비로 관측된 데이터는 기후변동성 연구에 필수적으로 활용되는 자료다. 공기흡입구를

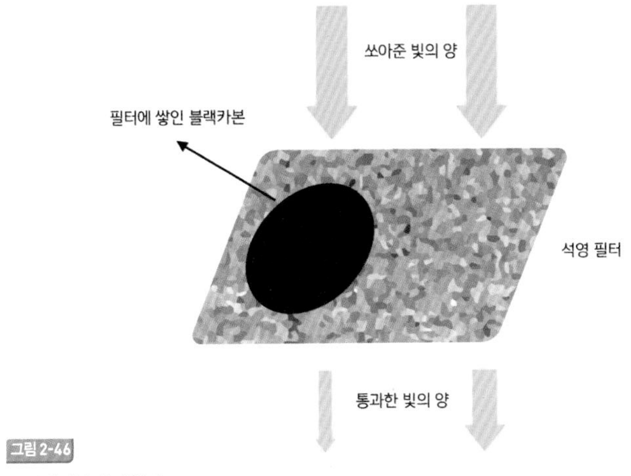

그림 2-46

블랙카본 측정원리

통해 필터에 포집된 블랙카본에 광학 빔을 발사해 감쇄되는 빛의 세기를 측정하여 블랙카본의 양을 계산하게 된다.

온실가스가 계속 증가하면 열이 바깥으로 빠져나가지 못해 지구 온도가 상승하고 이에 따라 수온이 올라가게 된다. 수온 상승은 북극 바닷속에 잠들어 있던 메탄가스를 대기 중으로 방출하는 역할을 하게 된다. 매년 북극에 왔을 때 CRDS로 관측한 이산화탄소와 메탄가스 양의 변화를 보면 해가 거듭될수록 그 수치가 증가하고 있음을 볼 수 있다(그림 2-47).

6 해빙캠프

북극 연구를 위해 아라온에 승선한 연구원들은 해빙캠프를 위한 사람들이라고 봐도 무방할 정도로 해빙캠프에 관심이 많다. 이번 북극연구에는 국가 간 공동연구를 위해 영국, 프랑스, 스페인, 중국의 연구원들이 동참했다. 아라온이 북극으로 떠날 즈음에는 선내에 빈공간이 없을 정도로 연구용 물품들이 가득하다. 이들 중 많은 수가 해빙캠프를 위한 것이다. 국제 공동연구를 하는 경우에는 여러 나라에서 보내온 훨씬 더 많은 연구장비가 아라온에 실린다.

해빙캠프는 말 그대로 해빙 위에서 연구를 하는 것을 말한다. 해빙은 바다가 얼어서 만들어진 얼음이다. 해빙 위에서 캠프를 하려

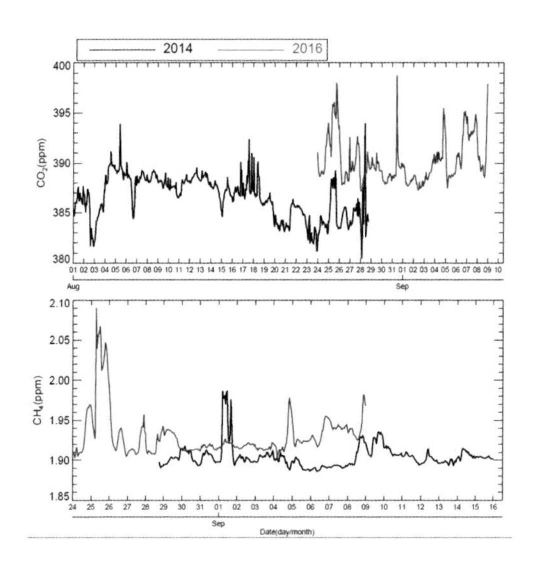

그림 2-47

온실가스 관측 결과. 위쪽이 이산화탄소, 아래쪽이 메탄이다.

그림 2-48

해빙캠프

면 두껍고 큰 얼음이 있어야 한다. 최적의 장소를 찾기 위해서는 위성사진 분석과 헬기탐사가 필요하다. 해빙분포상황이 하루가 다르게 변하기 때문에 장소 선정이 쉽지 않다. 먼저 위성사진으로 1차 위치선정 후 직접 헬기를 타고 탐사를 하여 최적의 위치를 결정하게 된다. 그러나 이번 탐사에서 해빙캠프를 위한 얼음을 찾기가 쉽지 않았다. 예년과 달리 북극해라고 믿기 힘들 정도로 조그만 얼음도 구경하지 못했다. 얼마쯤 갔을까? 북위 72도 이상에 아라온이 진입했을 때 비로소 얼음으로 덮인 북극 바다를 만날 수 있었다. 그림 2-49는 해빙캠프지역의 해빙이미지로 얼음분포색깔이 빨간색에 가까울수록 얼음의 양이 많음을 나타낸다. 이미지에 표시된 검정색 원모양들은 연구지점들을 표시한 것이다.

이번 북극탐사 해빙캠프 기간에는 거센 바람, 혹한과 짙은 해무가 늘 따라다녔다. 날씨가 좋지 않으면 위성사진 선명도가 떨어져 장소 선정에 어려움이 있다. 시야 확보가 쉽지 않아 헬기탐사도 어려워 해빙캠프를 위해서는 날씨가 중요한 요소 중 하나이다. 장소가 선정된 후 해빙 위에서 연구를 수행할 때 안개가 많이 끼거나 바람이 많이 불면 특히 안전사고에 신경을 써야 한다. 만약 굶주린 북극곰이 나타난다면 큰일이다. 북극탐사 중 해빙캠프가 계획되어 있을 때는 항상 북극곰 감시원을 승선시킨다. 이번에도 두 명의 북극곰 감시원이 승선했다. 북극곰 감시원이 지켜보더라도 정말 조

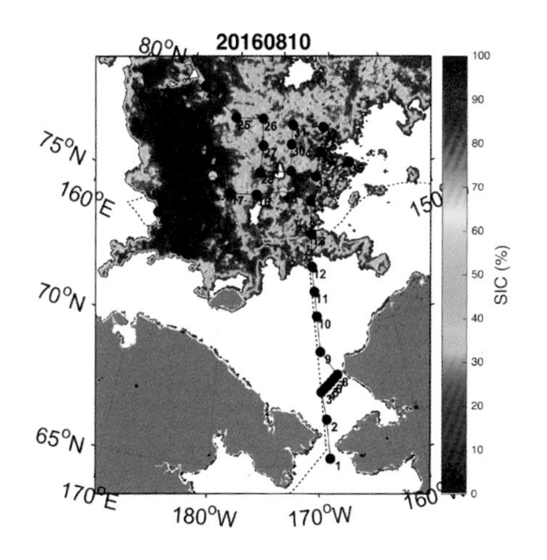

그림 2-49

해빙이미지

심해야 한다. 북극이나 남극과 같은 극지에서 크게 다칠 경우는 외부로부터 지원을 받을 수 없기 때문에 생명이 위험해질 수도 있다. 아라온에는 항상 외과전문의가 승선하고 있기때문에 간단한 외상치료는 선내에서 치료가 가능하지만 큰 사고가 발생하면 위험한 상황까지 갈 수도 있다. TV 광고에서 본 것처럼 북극곰을 마냥 귀엽다고 생각하면 큰 오산이다.

해빙캠프가 있으면 북극곰 감시원이 승선한다. 북극곰은 귀엽다고 함부로 다가갈 수 있는 동물이 아니다. 잘못하면 목숨을 잃을 수도 있다.

해마다 해빙캠프를 실시하기 때문에 매년 북극곰 감시원들이 승선한다. 사람들이 계속 바뀌기 때문에 이번에 승선한 북극곰 감시원들 모두 아라온 승선은 처음이었다. 아라온 승선이 처음이라 그런지 다른 연구선처럼 기념품을 사고 싶었던 모양이다. 아쉽게도 아라온에는 기념품점이 따로 없다. 어디서 아라온 로고가 새겨진 모자를 봤는지 그걸 구할 수 없냐고 수소문하고 다닌 모양이다. 마침 내게 사용하지 않는 아라온 로고 모자가 하나 있어 선물로 주었더니 너무 고마워했다. 연구항차를 하다 보면 이런 경우가 자주 있다. 아라온 운항 초기에는 그릇과 수저에도 아라온 로고가 새겨져 있었는데 시간이 지나면서 점점 자취를 감추었다. 아마도 누군가 기념으로 가져간 것이 아닌가 생각된다. 아라온 내에 장소 마련이 쉽지는 않겠지만 기념품 공간을 마련하는 것이 필요하지 않을까 생각한다. 아라온 홍보를 비롯한 여러 면에서 좋을 것 같다.

해빙캠프에선 다양한 연구를 하게 된다. 해빙에 구멍을 뚫어 간이 CTD와 유속계를 설치하여 주기적인 관측을 하거나 용융연못 melting pond에서 해수를 채수하거나, 해빙 위에 부이를 설치하여 해빙의 이동과 변화를 관측하기도 한다. 이번 탐사에선 얼음의 두께와 얼음에 사는 생물들 그리고 얼음 속의 여러 가지 성분들을 조사하였다. 영국에서 온 연구원은 얼음이 녹아 생긴 연못 아래로 비디오카메라를 넣어 얼음 밑에서 일어나는 현상을 영상에 담기도 했다.

안전한 연구를 위해 북극곰을 감시하고 있는 북극곰감시원

장기간 관측을 위해 설치하는 장비들은 외부로부터 전원을 끌어올 수 없기 때문에 태양광이나 풍력과 같은 자연에너지의 힘을 빌린다. 태양광을 모아 전기로 전환해주는 태양전지판과 바람의 세기를 전기에너지로 바꿔주는 풍력발전기가 사용된다. 대부분의 경우 태양광에너지를 주로 사용한다. 풍력발전시스템은 강한 바람으로 장비에 잦은 문제가 발생하여 제대로 기능을 발휘하지 못하는 경우가 많기 때문이다. 풍력발전을 위해 설치한 윈드 터빈의 프로펠러가 강풍에 견디지 못하고 파손된 일이 너무 많이 발생했다. 최근에는 특별한 경우를 제외하곤 주로 태양광발전 방식을 선호한다. 생산된 전기는 장비구동을 위해 저장되어야 하기 때문에 충전이 가능한 2차 전지를 사용한다. 국내의 경우 2차 전지는 액상 타입이 대부분이다. 북극과 남극처럼 혹한의 날씨엔 액상 타입은 내부용액이 얼어버리기 때문에 적합지 않다. 극지연구를 위해서는

주로 젤gel 타입의 2차 전지를 사용하는데 국내에선 생산하지 않기 때문에 외국에서 수입하여 사용한다. 관측종류와 관측주기에 따라 장비들이 요구하는 전기량이 다르다. 북극의 겨울엔 낮시간에도 태양을 볼 수 없는 밤이 지속되는 시기라 태양광에너지 활용이 어렵기 때문에 많은 용량이 필요할 경우 별도의 1차전지가 필요한 경우도 있다. 만약 1차전지가 사용되었다면 다시 태양에너지를 사용할 수 있는 시기가 오면 2차 전지로부터 전기에너지를 장비로 공급할 수 있도록 하는 별도의 장치가 필요하다.

해빙에 설치한 장비들은 자료회수를 위해 다음 해 다시 왔을 때 유실되어 버리는 경우도 많다. 설치한 장소의 얼음이 녹아버리면 그대로 물속으로 빠져버리기 때문이다. 극지에서 진행되는 연구는 극한환경이라 장비유실뿐 아니라 파손도 비일비재하다.

1년이 지나고 그동안 측정한 데이터를 백업하기 위해 다시 그 자리로 왔을 때 얼음이 없다면 1년 동안 관측한 자료를 얻을수 없기 때문에 해당 연구원들의 실망감은 말로 표현하기 힘들 것이다. 매번 설치할 때마다 좀 더 오랫동안 관측을 잘할 수 있기를 기원한다. 요즘은 이런 문제를 해결하기 위해 관측된 데이터를 일정한 주기로 이리듐 통신으로 연구소에서 받도록 장비를 제작한다. 이리

그림 2-51

태양광 관측 부이 설치. 안쪽 그림은 극지사용 태양광배터리

듐 통신료가 비싸긴 하지만 몇 년간의 연구데이터를 아예 얻지 못하는 것에 비한다면 좋은 해결책이 아닌가 생각된다.

북극이 녹고 있다

아라온에 장착된 장비로 측정시 해마다 조금씩 대기 온도가 상승하는 것을 확인할 수 있다. 해빙분포 위성사진을 보면 1980년에 비해 2012년에 거의 절반 이하로 얼음이 줄었음을 볼 수 있다. 해가 갈수록 얼음 위 북극곰도 점점 보기 힘들어지는 것 같다. 아라온에서 처음 북극곰을 봤을 때는 큰 해빙 위에서 여러 마리가 놀고 있었다. 그 다음해에는 한두 마리의 북극곰이 해빙 위에 보이고 그다음에는 작은 해빙 위에 헐떡이며 쉬고 있는 북극곰, 그리고 이번에는 얼음이 전혀 보이지 않는 해역에서 헤엄치는 북극곰을 볼 뿐이었다. 이런 모습을 보면 북극곰이 얼음과 같이 사라져버리는 것은 아닐까 걱정이 앞선다.

지구가 더워지면서 북극해 해양생태계에 뭔가 심상찮은 일들이 벌어지고 있다. 북극해에만 존재하던 생물들이 그동안 잘 적응하며 생존해 왔지만 환경이 변화하면서 기존의 해양생태계가 무너지고 있다.

1 떠나가는 북극곰

남극의 빙하와 더불어 북극의 해빙은 '천연 햇빛반사기'다. 남극엔 적당한 빙하가 있어야 하고, 북극에도 적당한 얼음이 있어야 적당량의 태양빛을 지구 밖으로 반사하면서 지구 온도를 유지할 수 있다. 지구에 사는 사람들이 만들어내는 수많은 자동차 가스, 공장에서 뿜어내는 연기 등은 지구를 덥게 만든다. 얼음이 줄어들면서 지구 밖으로 태양빛 반사량도 줄어드는 것을 막아보고자 하는 과학적 노력도 있다. 거대한 '우주 거울'과 '인공 구름'이 성공한다면 지구로 들어오는 빛의 일부를 차단할 수 있을 것이다.

실제로 아라온에 장착된 장비로 측정 시 해마다 조금씩 대기 온도가 상승하는 것을 볼 수 있다. 북극해가 다른 곳보다 더 빠르게 온도가 상승하는 이유로 해빙이 녹으면서 다른 지역보다 더 많이 태양에너지를 흡수하기 때문이다. 여기에 대기와 해양 간 순환시스템의 변화도 영향을 미친다. 해빙이 녹으면서 더 많은 강물이 바다로 흘러들어옴에 따라 북극해 주변의 생태계에도 큰 변화를 일으키고 있다. 이러한 빠른 환경변화는 해빙의 감소뿐만 아니라 앞으로 또 어떤 큰 변화를 불러일으킬지 심각하게 고민해 봐야 하는 상황이다.

북극곰은 극한환경에서 잘 적응할 수 있도록 진화해 왔다. 몸은 체온손실이 적어 영하의 추운 북극 날씨에서도 잘 생활한다. 지방층이 10센티미터 정도 되고 흰색 털 아래 피부는 털 색깔과는 달리 검은색이라 햇빛을 잘 흡수할 수 있는 것도 추운 날씨에 잘 살아갈 수 있는 이유 중 하나이다. 북극곰은 주로 바다사자를 먹이로 살아간다. 평소 바다사자는 많은 시간을 물속에서 보내기 때문에 북극곰이 사냥하기 힘들다. 하지만 포유류 특성상 숨을 쉬기 위해 물 밖으로 나올 때 기다렸다는 듯이 북극곰은 바다사자를 먹잇감으로 선택한다. 물 밖으로 나오는 바다사자를 기다리려면 얼음이 있어야 한다. 얼음구멍을 통해 주로 바다사자가 숨을 쉬기 때문이다. 그러나 이런 얼음이 점점 녹고 있다. 북극곰의 삶의 터전이 없어지고 있는 것이다. 예전에 본 다큐멘터리에선 북극곰이 바다사자 사냥을 할 수 없어 굶주림을 참다못해 인근 마을에서도 종종 발견된다고 한다. 북극곰을 볼 수 없는 북극 바다, 얼음마저 점점 녹아 없어진다면 더 이상 북극 바다라고 하기에는 뭔가 이상할 것 같다. 해빙분포 위성사진을 보면 1980년에 비해 2012년에 얼음이 거의 절반 이하로 줄었다는 것을 알 수 있다. 북극의 얼음이 이처럼 빠른 속도로 사라진다면 위성에서 바라본 지구의 모습은 예전과 다르게 보일 것이다. 둥근 지구의 양 극지방에서 흰색은 더 이상 보지 못할 것이다. 눈이나 빙하와 해빙과 같은 흰색으로 보일만 한 것들이 점점 없어지고 없다. 지구에 사는 사람들이 만든 지구온난화 때문에 지구도 아파하고 북극곰은 살 곳을 잃어가고 있다.

이젠 얼음 위에 있는 북극곰은 더 이상 볼 수 없는 것인가? 해가 지날수록 얼음 위에 있는 북극곰은 점점 보기 힘들어지는 것 같다. 세계자연보전연맹의 자료에 의하면 북극 얼음이 점차 사라지면서 2050년까지 약 30퍼센트의 북극곰이 사라질 것으로 전망하고 있다. 올해는 연구 막바지 무렵에야 북극곰을 보긴 했지만 근처에는 얼음이 하나도 없는 지역이라 헤엄쳐 먹을 것을 찾아다니는 모습이 너무 힘들어 보였다. 얼음이 점점 줄어들면서 바다사자를 먹이로 하는 북극곰의 서식처가 사라지는 것 때문인지 육지에서 멀리 떨어진 바다에서 북극곰을 본다는 것은 정말 아이러니하다. 그 먼 거리를 어떻게 쉬지 않고 헤엄쳐 왔을지 대단하기도 하지만, 한편으로는 너무 안타까울 따름이다.

북극곰이 점점 사라지고 있다. 북극곰의 터전인 얼음도 계속 녹고 먹잇감도 사라진다. 2050년까지 약 30%의 북극곰이 사라질 것이라는 전망도 있다.

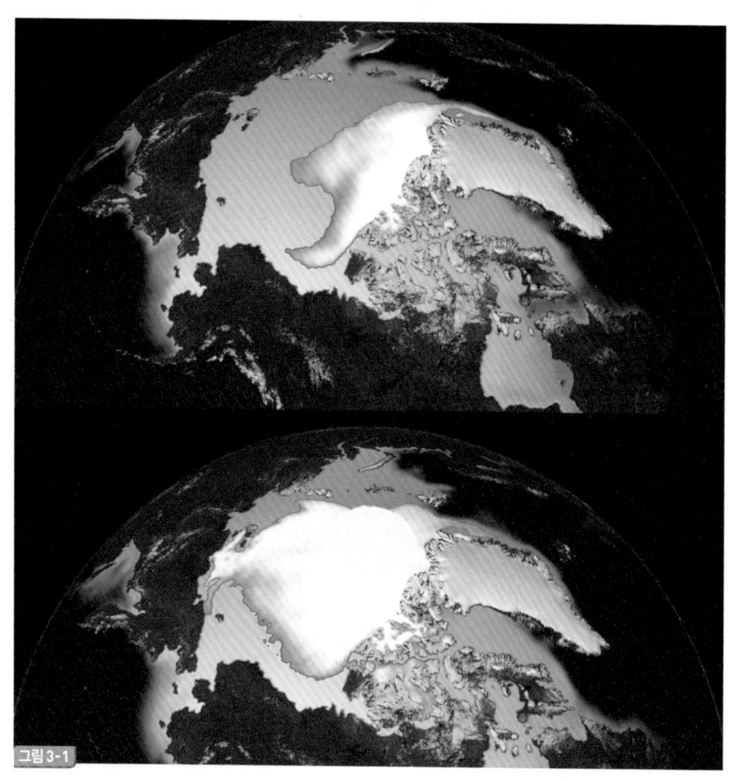

2012년(위)과 1980년(아래)의 해빙분포 위성사진

아라온에서 처음 북극곰을 봤을 때는 큰 해빙 위에서 여러 마리가 놀고 있는 모습이었다. 그 다음해에는 한두 마리의 북극곰이 해빙 위에 보이고 그 다음에는 작은 해빙 위에 헐떡이며 쉬고 있는 북극곰, 그리고 이번에는 얼음이 전혀 보이지 않는 해역에서 헤엄치는 북극곰의 모습이었다. 물론 연구탐사를 하면서 우연히 본 북극곰의 모습만으로 단정할 수는 없다. 하지만 이런 모습들을 보면서 북극곰이 얼음과 같이 사라져버리는 것은 아닐까 걱정이 앞선다.

2 온실가스를 찾아라

지구가 더워지면서 북극해 해양생태계에 뭔가 심상찮은 일들이 벌어지고 있다. 북극해에만 존재하던 생물들이 그동안 잘 적응하

그림 3-2
아라온과 만난 북극곰들. 왼쪽부터 2010년, 2012년, 2016년

며 생존해 왔지만 환경이 변화하면서 기존 해양생태계가 무너지고 있다. 기후변화에 따른 수온 상승으로 북극해를 덮고 있던 얼음이 녹으면서 더 많은 태양빛을 받음에 따라 해조류와 식물성 플랑크톤량이 증가했다고 한다. 먹이사슬구조의 1차에 해당하는 플랑크톤량의 변화는 2차, 3차 생태계 구조에 변화를 초래하게 된다. 바다 온도가 상승하면서 따뜻한 바다에서 살던 생물들이 북극해로 들어온다고 한다. 이는 기존 생태계에 많은 변화를 가져올 것이다. 먹이사슬의 최상위에 위치한 우리 인간에게 이러한 결과가 어떤 영향을 미칠지는 정확히 알 수는 없지만 뭔가 여기에 대책마련이 시급한 시점이다.

박테리아는 죽은 플랑크톤에서 메탄과 이산화탄소를 토해내는데 이 중 일부는 메탄하이드레이트로 얼고 수백만 톤은 해저바닥에 숨어 고압과 차가운 바다에 갇혀 있다. 미래의 대체자원으로도 주목받는 메탄하이드레이트는 '불타는 얼음'이란 별명도 가지고 있다. 얼음처럼 보이는 메탄하이드레이트는 온도가 올라가거나 압력이 낮아지면 가스가 밖으로 분출이 되며 불을 붙이면 불이 잘 붙기 때문에 연료로서의 가치가 반영된 이름이라 할 수 있다. 전 세계적인 매장량은 인류가 앞으로 500년 이상 쓸 수 있는 양이라고 한다. 이중 20퍼센트 이상이 북극해 아래 매장되어 있다. 앞서 언급한 바와 같이 메탄이 지구온난화에 미치는 영향은 이산화탄소보다 20배 이상 강력하다고 알려져 있다. 만약 대기 중에 노출되지 않고 메탄하이드레이트 시추가 가능하다면 또 다른 에너지원으로 사용될 수 있을 것이다. 하지만 대기 중에 대량의 메탄가스가 방출되면 지구온난화를 가속화할 수 있기 때문에 새로운 자원을 개발 시에 발생할 수 있는 다양한 현상에 대한 연구가 선행되어야 한다.

아라온의 가장 큰 역할 중 하나가 바로 이산화탄소와 메탄가스 방출량 측정을 비롯하여 과거와 현재의 기후와 생태계를 연구하는 것이다. 지구온난화를 연구하여 우리가 사는 지구를 지구온난화로부터 지켜낼 방법을 찾아가는 것이다. 북극에는 북극곰이 살고 있어야 한다. 북극곰이 살아갈 수 있는 환경을 보존해주어야 한다. 이

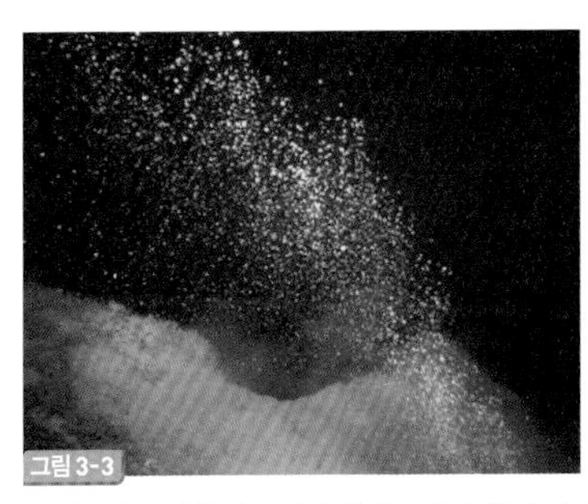
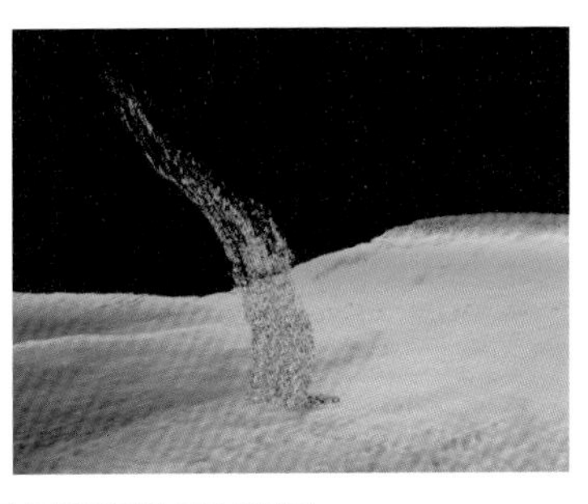

그림 3-3
메탄가스 방출되는 이미지(좌)카메라 촬영 이미지,(우)음향장비 관측 이미지

런 방법을 찾는데 연구장비의 역할은 중요하다. 아라온은 45일 동안 쉬지 않고 북극해 주변을 달리며 수많은 연구를 수행했다. 연구를 위해 사용된 연구장비는 50가지가 넘는다. 해양물리, 해양화학, 지구물리, 해양지질, 대기과학 등 많은 분야에 연구장비들이 동원된다. 다중빔음향측심기는 음향신호의 반사원리를 이용하여 바닥에 다른 뭔가가 있다는 것을 알려줄 수 있다. 버블의 반사도는 해수나 딱딱한 바닥과는 달라 구분이 가능하다. 다중빔 관측 이미지로 가스의 존재가능성이 확인되면 심해용 비디오카메라나 ROV Remotely Operated Vehicle* 와 같은 장비를 직접 해당 지점으로 내려서 실제 가스가 분출되는 것을 확인할 수 있다. 아라온에는 심해용 비디오카메라는 있지만 연속적으로 사용가능한 ROV는 없다. 비디오카메라는 영상을 만드는 것이 주 역할이기 때문에 확인된 샘플을 채집할 수가 없어 연구에 제한적이다. 카메라 영상을 통해 가스가 분출하는 것을 확인하고 주변의 암석을 채집하거나 다른 센서로 추가 관측을 하려면 해당장비를 다시 물 속으로 내려야 하지만 깊은 바다의 같은 지점으로 내려갈 수 있다는 보장이 없다. 조류에 따라 떠내려갈 수 있어 조금만 오차가 생겨도 깊은 바닷속에는 많은 거리 차가 발생하기에 ROV처럼 직접 보면서 로봇팔이나 다른 수단으로 직접 채집을 할 수 있다면 더 확실한 연구자료 확보가 가능하다. 최근에 개최되는 해양 분야 탐사장비 박람회에

ROV(왼쪽)와 AUV(오른쪽)

참석해 보면 ROV나 AUV**Autonomous Underwater Vehicle****와 같은 보다 다목적 기능을 하는 탐사장비들로 바뀌고 있는 것을 볼 수 있다. 이런 탐사장비들을 수중로봇이라고도 부른다.

수중로봇은 전기를 공급하고 통신을 하는 선이 있고 없느냐에 따라 ROV와 AUV로 나뉜다고 보면 된다. ROV는 컨트롤박스부터 ROV본체까지 선으로 연결되어있어 보다 안정적으로 데이터를 주

* 전원과 데이터를 주고받을 수 있는 케이블에 연결되어 원격조정에 의해 심해자원탐사 및 샘플채취 등을 수행하는 수중로봇으로 원격조정 무인잠수정이라고도 불린다.

** 수중에서 해양환경 자료 수집을 위해 사용되며 ROV와 달리 연결된 케이블이 없어 정해진 계획대로 자율적으로 움직이며 탐사를 수행

수중로봇은 전기공급과 통신 가능한 선이 있느냐에 따라 ROV와 AUV로 나뉜다. 선이 있으면 안정적인 전기공급과 통신이 가능하다는 장점이 있다.

고받을 수 있으며 전기 공급이 원활하여 장시간 탐사도 가능하다. 반면 AUV는 선 없이 스스로 알아서 해저를 스캐닝하는 일종의 해양 지능형 소형 로봇이라고 볼 수 있는데 전기 공급이 배터리로 이루어지기 때문에 장시간에 걸친 탐사는 어렵다. 하지만 AUV가 탐사하는 동안 연구선과 연결된 선이 없기 때문에 AUV탐사가 끝날 때 까지 다른 연구를 수행할 수 있는 것은 장점이라 할 수 있다. 하지만 ROV는 문제가 발생해도 케이블이 연결되어 있어 회수가 가능하지만 AUV는 오류가 발생하면 때에 따라서는 유실될 수도 있다. 또한 AUV는 물속에서 이동하면서 탐사를 하다 보니 상어로부터 습격을 받아 파손되는 경우도 있다.

아라온에는 과거 대비 진보된 기술의 집합체인 ROV나 AUV가 한 대도 없는 현실은 연구탐사에 참여하면서 너무나도 아쉬움이 많이 남는 부분이다. 하지만 그나마 다행스러운 것은 연구항차가 끝날 때까지 모든 연구장비들이 큰 문제없이 잘 동작하여 목표한 연구를 잘 끝낼 수 있었다는 것이다.

연구원들은 해당연구항차만 승선하지만 연구장비담당자는 인원이 부족하여 연구항차별로 교대를 할 수가 없다. 게다가 연구는 24시간 쉼 없이 돌아가기 때문에 거의 3~4시간 정도 잠을 자는 경우가 많다. 그것도 규칙적이지 않아 모든 연구항차가 끝나고 하선할 즈음엔 쌓였던 피로가 한 번에 쓰나미처럼 밀려든다.

연구장비 책임자는 모든 연구가 성공리에 끝나면 그제야 긴장이 풀리면서 집에 돌아가는 시간 동안 휴식다운 휴식을 취할 수 있다. 보다 나은 연구결과를 위해 연구장비를 개선하거나 수리해야 할 부분들을 정리하고 다음 연구를 기다린다. 아라온이 첫 운항을 시작한 지도 벌써 8년째 접어든다. 북극과 남극을 다니며 열심히 탐사를 하다 보니 장비들이 조금씩 수명을 다해가는 부분이 있다. 올해도 상가수리 때 전반적으로 유지보수 계획을 세워 최상의 성능을 발휘할 수 있도록 점검 및 보수를 할 예정이다.

우리나라의 기지를 보유하고 있으면서도 쇄빙연구선이 없던 시절엔 선진국과의 실질적인 연구를 함에 있어 많은 제약이 있었다. 특히 장보고기지가 생기기 전에는 세종기지 주변에서만 제한적인 연구를 할 수밖에 없었다. 아라온의 탄생은 남극과 북극 어디라도 연구할 수 있는 환경을 제공하였고 또한 2014년 2월에는 남극에 두 번째 기지를 완공했을 뿐 아니라 더 나아가 남극 내륙 기지 설립의 꿈도 가질 수 있도록 해 주었다.

아라온은 올 겨울엔 남극으로 내년 여름에 다시 북극으로 달릴 수 있는 그 날까지 계속 달릴 것이다. 새로운 북극항로가 열리고 북극 환경에 대한 연구의 중요도가 커지고 있다. 조만간 반가운 소식이 들릴지도 모르겠다. 몇 년 후엔 아라온에게도 새로운 친구가 생길 것이기 때문이다. 아라온으로 소화하기 힘든 빡빡한 일정에 우리나라 두 번째 쇄빙연구선이 완성되면 아라온은 한숨을 돌릴 수 있을 것 같다. 그때쯤이면 남극으로 북극으로 더 활발하게 연구가 될 것이라 기대해본다.

1항차(2,174해리)와 2항차(2,896해리)동안 총 5,070해리(9,389.64킬로미터)를 운항하였다. 여기엔 인천에서 놈까지 왕복 이동거리는 뺀 거리다. 이를 다 합친다면 지구 반 바퀴 이상의 거리다. 한 해 평균 운항일수가 300일 정도 되니 2009년 첫 출항부터 지금까지 운항한 거리만도 계산해 보지 않았지만 아마도 지구를 몇 바퀴 돌고도 남는 거리가 아닐까 생각된다.

미국과 영국, 독일과 같은 극지 강국을 보면 나와 같은 기술인력들이 분야별로 연구원 못지않게 많은 것을 알 수 있다. 연구를 할 때 기술인력의 역할에 따라 연구 데이터 품질이나 연구의 성공 여부가 좌우되기 때문이다. 하지만 우리의 현실은 너무 다르다. 게다가 외국장비 의존도가 너무 높아 보다 적극적인 연구를 하는데 어려움을 느낄 때가 많다. 요즘은 대부분의 연구장비들이 블랙박스처럼 되어있어 유지보수가 쉽지 않다. 또한 장비문제점 분석을 위해 장비를 분해한 흔적이 있으면 외국제작사 측에선 수리를 해 주지 않는다. 해양 쪽 연구장비들은 각 분야별로 연구원들이 선호하는 장비가 거의 정해져 있고 독점인 경우가 많다. 독점인 경우 예상할 수 있듯이 장비가 선정되기 전에는 협조적이다가 구매하고 나면 비협조적이 된다. 부품 값도 이해가 되지 않는 높은 가격에 구매해야 하는 것이 현실이다. 우리만의 장비가 필수적이다. 지금의 기술인력으로는 기존 장비 유지보수하기에도 많은 인력이 아니다. 앞으로 보다 기술인력이 보충되면 꼭 우리 극지연구소만의 독자적인 장비를 개발해 보고 싶다. 당장은 쉽지 않겠지만 그리고 시간이 오래 걸릴 수도 있겠지만 작은 소망이 이루어질 날을 기다리며...

감사의 글

지금까지 이 분야에 몸을 담아오면서 서점이나 인터넷에도 비전공자가 쉽게 접할 수 있는 해양탐사 관련 책이나 자료들을 쉽게 찾을 수 없었다. 삼면이 바다로 둘러싸여 있는 대한민국에서 바다에 대한 관심이 점점 커가고 있지만 대부분의 책은 어려운 용어들과 이론에 국한된 책이 조금 있을 뿐이다. 이 책은 지금까지 관련 일을 하면서 몇 가지 대표적인 연구장비를 기본으로 지난 10년간 대한민국 최초의 쇄빙연구선 아라온과 같이했던 작은 이야기를 사이사이에 담고 있다. 누구나 쉽게 읽을 수 있도록 쓰려고 노력하였다. 이 책이 나오기까지 도와주신 극지연구소 관계자분을 비롯하여 많은 분에게 감사드린다. 극지탐사를 위해 지금까지 매년 오랜 기간 집을 떠나 있었다. 그동안 아빠의 빈자리까지 최선을 다해 아이를 키워준 아내와 씩씩하게 잘 자란 아들 태양이가 있었기에 지금까지 나의 역할에 충실할 수 있었던 것 같다. 끝으로 아내에게 고맙다는 감사의 말을 전하고 싶다.

아라온이 탄생하기까지

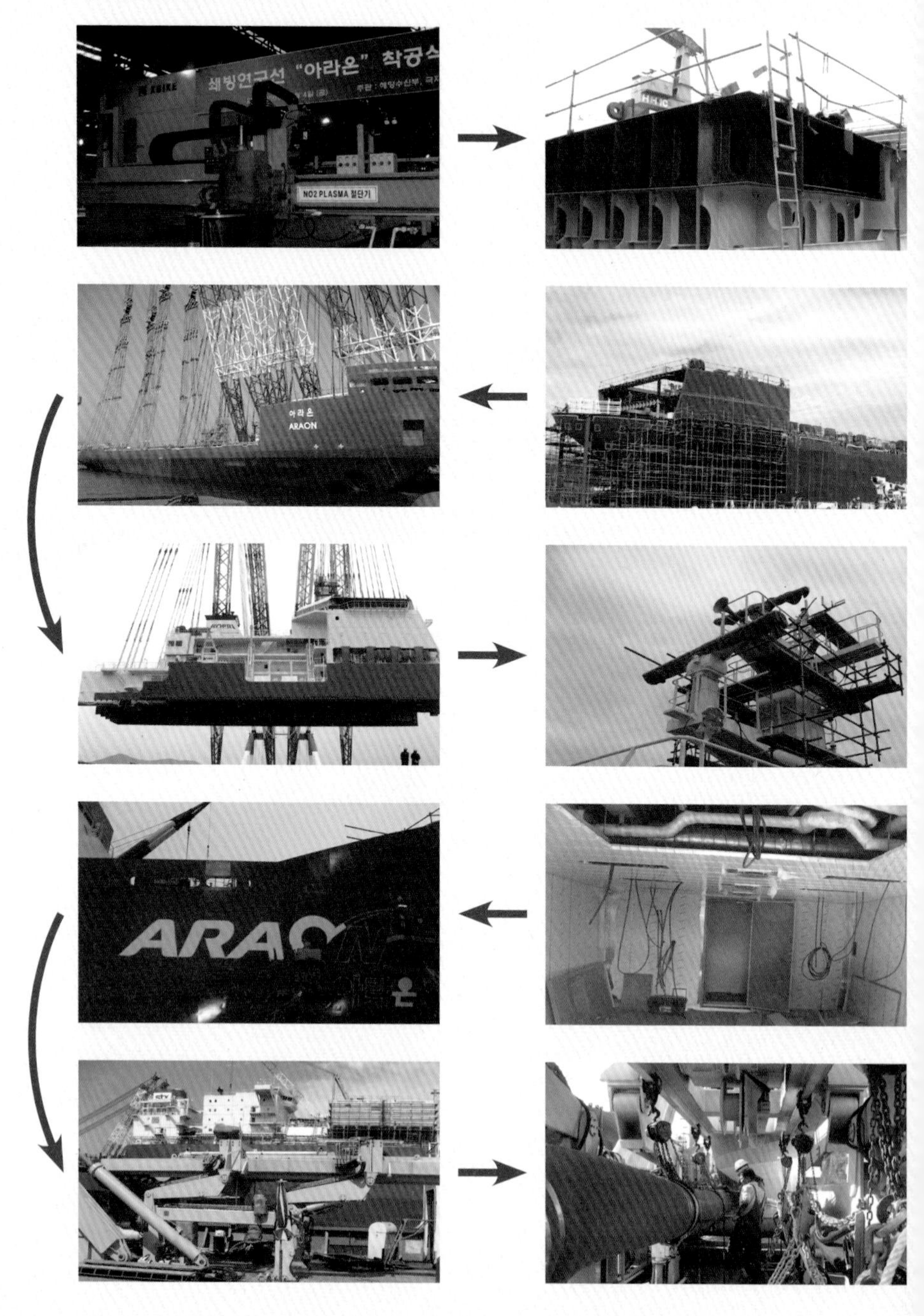

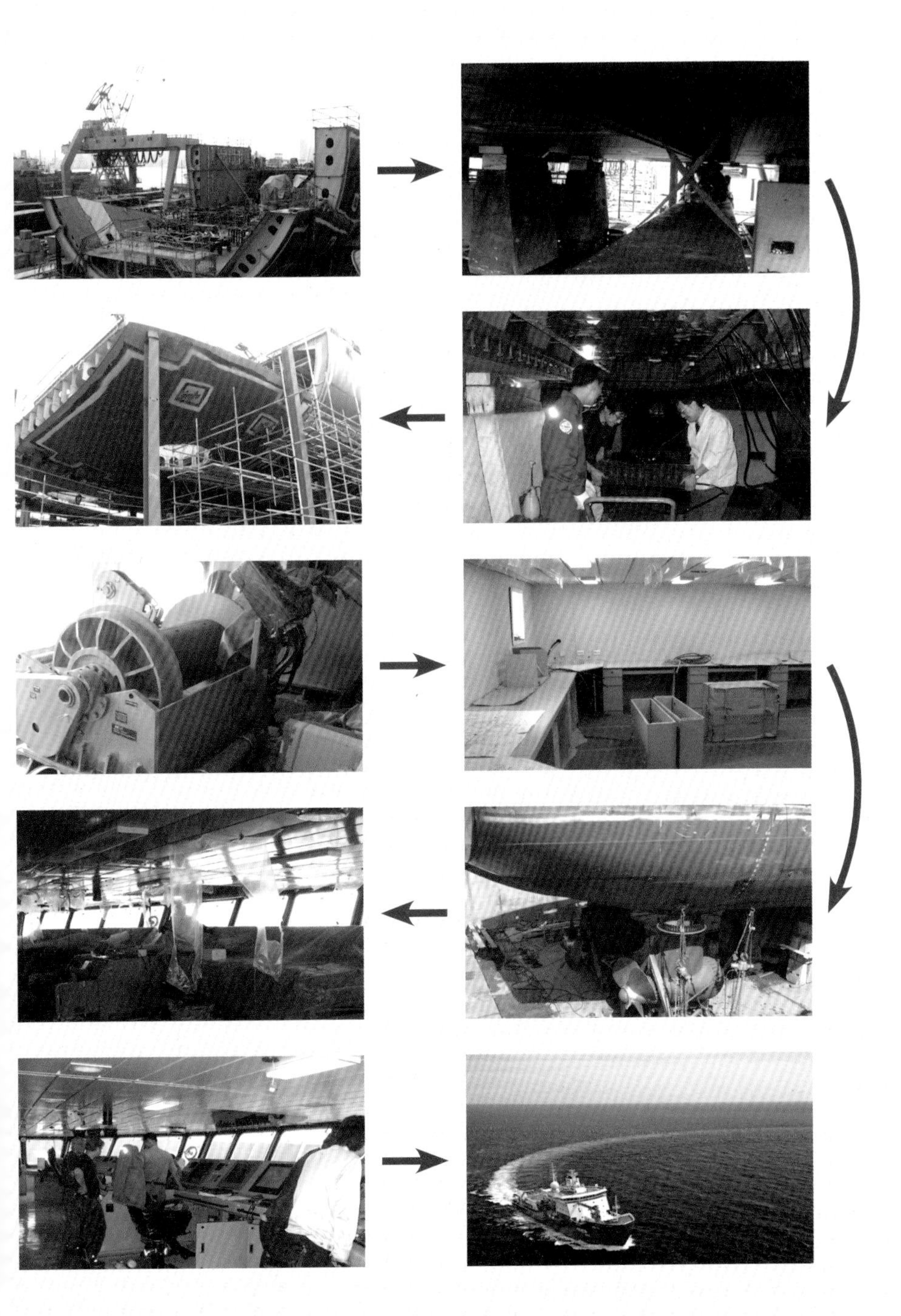

아라온에 있는 연구장비들

아라온에는 다양한 연구 분야의 연구장비가 설치되어 있다. 이중 대표적인 장비들을 연구 분야별로 소개한다.

1.해양물리연구 Oceanography

바다에서 일어나는 여러 현상을 연구하는 분야로 해수의 운동과 물리적 특성을 중심으로 연구를 한다. 해양물리연구를 위한 많은 장비들은 아라온내의 건식연구실에 설치가 되어있으며 CTD를 비롯한 다양한 장비들을 갖추고 있다.

CTD and Niskin Bottles, ADCP, Thermosalinograph, Salinometer, XBT, Fluorometer

2.지구물리연구 Geophysics

물리적인 방법을 이용하여 지구를 연구하는 분야로 지구중력과 자력, 지층구조 등을 중심으로 연구를 한다. 지구물리연구를 위해서는 물리적 신호를 이용하여 탐사하는 경우가 많기 때문에 다른분야 대비 대형장비들이 많은 편이다. 아라온의 대형장비중 하나인 다중채널 탄성파 시스템을 비롯한 각종 음향장비들과 중력계, 자력계 등을 보유하고 있다.

Multichannel Seismic System, Gravitymeter, Magnetometer, Multibeam Echosounder, Subbottom profiler, Single Beam Echosounder, Attitude and Positioning System, Synchronization Unit

3.지질연구 Geology

해저 바닥아래 지질을 연구하는 분야로 주로 해저퇴적물 채취를 통한 연구를 수행한다. 최대 39미터 깊이의 퇴적표본을 취득할 수 있는 롱코어러를 비롯하여 많은 코어러 장비를 보유하고 있다.

Long Corer, Gravity Corer, Multiple Corer, Box Corer, Dredge

4.해양생물연구 Marine Biology

해양에 살고 있는 생물을 연구하는 분야로 그물 등을 활용하여 직접 생물을 채집하거나 음향장비나 센서 등을 통해 연구를 수행한다. 여러 개의 그물을 깊이별로 채집 가능한 MOCNESS를 비롯하여 많은 장비들을 보유하고 있다.

MOCNESS, RMT, Plankton Recorder, Fish finding Echo Sounder, Scanning Sonar, Underwater Undulating System, DeepSea Camera

5.모니터링/분석 Monitoring, Analyzing equipment

대기환경을 모니터링하는 센서를 비롯하여 다양한 분석장비를 갖추고 있다.

Weather Station, Aethelometer, Aerosol Sizing Instrument, LIDAR, CRDS, GC/MS, Microscope

그림출처 및 저작권

그림 1-8 Kongsberg Maritime 홈페이지 참조 | **그림 1-12** KT 자료 | **그림 2-11** Sea-Bird 홈페이지 참조 | **그림 2-14** http://electronics.stackexchange.com/questions/210799/short-range-low-bitrate-data-transmission-under-water | **그림 2-15** Introduction to sonar.pdf| **그림 2-16** Kongsberg Maritime 홈페이지 참조 | **그림 2-21** Refraction correction for MBES mapping | **그림 2-31** Kongsberg Maritime 홈페이지 참조 | **그림 2-32** 《미래를 여는 극지인》 참조 | **표 2-5** *Introduction to sonar* by Roy Edgar Hansen | **그림 2-34** Comparison of single- and multichannel high-resolution seismic data for shallow stratigraphy mapping in St.Lawrence River estuary, Quebec, Geological Survey of Canada 2006 | **그림 2-44,2-45** http://www.picarro.com 참조 | **그림 2-46** 《에어로졸 관측업무 매뉴얼》, 기상청 | **그림 2-48** 《미래를 여는 극지인》 20호 | **그림 3-1** NASA Earth Observatory | **그림 3-3** (왼쪽)https://wattsupwiththat.files.wordpress.com/2014/08/methane_bubbles1.jpg (오른쪽)https://wattsupwiththat.files.wordpress.com/2015/10/methane-plume-washington.jpg | **그림 3-4** (왼쪽)http//:www.whoi.edu/page.do?pid=80696&i=17162, (오른쪽)https://www.whoi.edu/page.do?pid=38095&tid=7842&cid=91453

찾아보기

그림으로 보는 극지과학 7

극지과학자가 들려주는 아라온과 떠나는 북극 여행

지 은 이 | 신동섭

1판 1쇄 인쇄 | 2017년 6월 16일
1판 1쇄 발행 | 2017년 6월 30일

펴 낸 곳 | ㈜지식노마드
펴 낸 이 | 김중현

등록번호 | 제 313-2007-000148호
등록일자 | 2007.7.10
주 소 | (04032) 서울특별시 마포구 양화로 133, 1201호(서교타워, 서교동)
전 화 | 02-323-1410
팩 스 | 02-6499-1411

이 메 일 | knomad@knomad.co.kr
홈페이지 | http://www.knomad.co.kr

가 격 | 12,000원
ISBN 979-11-87481-23-2 04450
ISBN 978-89-93322-65-1 04450(세트)